Diese Mitteilungen setzen eine von Erich Regener begründete Reihe fort, deren Hefte auf der vorletzten Seite genannt sind.

Das Max-Planck-Institut für Aeronomie vereinigt zwei Institute, das Institut für Stratosphärenphysik und das Institut für Ionosphärenphysik.

Ein (S) oder (I) beim Titel deutet an, aus welchem Institut die Arbeit stammt.

Anschrift der beiden Institute:

3411 Lindau

MESSUNG VON RÖNTGENSTRAHLUNG UND SOLAREN PROTONEN

MIT BALLONGERÄTEN IN DER NORDLICHTZONE

von

ERHARD KEPPLER

Additional material to this book can be downloaded from http://extras.springer.com

ISBN 978-3-540-03185-7   ISBN 978-3-662-26779-0 (eBook)
DOI 10.1007/978-3-662-26779-0

Inhaltsverzeichnis

1. Einleitung . . . . Seite 5

2. Die solar-terrestrischen Ereignisse im Juli 1961 8

3. Die Aufstiege 11
   3.1. Die Eruption vom 11. 7. 1961 (Spektrum, Laufzeit der Teilchen) 11
   3.2. Die Eruption vom 12. 7. 1961 (Aufstieg Sk 22) (Spektrum, Vergleich mit anderen Messungen, Kern-Gammastrahlung, "Vorläufer" des sc-Effektes, Modell des interplanetaren Raumes, Interpretation der Messungen, geomagnetische Effekte) 14
   3.3. Der sc-Effekt (Ballonmessungen, Riometer- und Satellitenmessungen, Pre-sc-Effekte, "Vorläufer" des sc-Effektes. Modell des sc-Effektes, Beschleunigungsprozesse) 28
   3.4. Aufstieg Sk 23 35
   3.5. Aufstieg Sk 24 (Messungen während der Hauptphase des magnetischen Sturmes, Fluktuationen des geomagnetischen cut off) 35
   3.6. Aufstieg Sk 25 40
   3.7. Aufstieg Sk 26 41

4. Zusammenfassung 42

5. Schluß 44

6. Literaturverzeichnis 47

1. Einleitung

1.1. Man weiß heute, daß in chromosphärischen Eruptionen der Sonne (Flare) geladene Teilchen, hauptsächlich Protonen, bis zu relativ hohen Energien (einige GeV [51]) beschleunigt werden können. Die Analyse solcher Flare-Effekte erlaubt Rückschlüsse auf die Ausbreitungsbedingungen, die die Teilchen im interplanetaren Raum vorfanden und liefert letztlich einen Katalog von Bedingungen, denen jedes Modell des interplanetaren Raumes genügen muß.

1.2. Auf der Erde gibt es für geladene Teilchen wegen des Erdmagnetfeldes für jede geomagnetische Breite eine Grenzenergie ("cut off") dergestalt, daß Teilchen mit kleineren Energien nur in höheren Breiten zugelassen sind. Da mit abnehmender Energie der Teilchen auch ihre Eindringtiefe in die Atmosphäre abnimmt, können sie schließlich nur noch in größeren Höhen nachgewiesen werden.

Nur bei wenigen, verhältnismäßig seltenen Flare-Effekten kommen Teilchen so hoher Energien vor, daß ihr Nachweis noch in mittleren Breiten möglich ist. Die zahlreicheren niederenergetischen Ereignisse können durch Messungen in hohen Breiten u n d in großen Höhen erfaßt werden.

Diese Meßaufgabe läßt sich mit Hilfe von Erdsatelliten, mit Ballon- und Raketen-Aufstiegen erfüllen, bei denen ein oder mehrere Detektoren in so große Höhen gebracht werden können, daß die die Teilchen absorbierende Erdatmosphäre zum größten Teil unter den Detektoren liegt.

Raketen haben aber sehr kurze Flugzeiten, und das ist, wenn man Informationen über zeitliche Variationen während eines Flare-Effekts haben möchte, ein Nachteil. Erdsatelliten überstreichen auf ihren Bahnen verschiedene geomagnetische Breiten und Längen, so daß die Interpretation so erhaltener Messungen mitunter schwierig wird.

Ballonaufstiege, bei denen ein Detektor 30 Stunden und länger praktisch über demselben Ort in Höhen zwischen 30 und 40 km gehalten werden kann, sind, so gesehen, eine wichtige Ergänzung der Satellitenmessungen. Zeitliche Variationen, Einflüsse von Änderungen des Erdmagnetfeldes, spektrale Verschiebungen u. a. kann man oft erst durch Kombination von Satelliten- und Ballon-Messungen eindeutig unterscheiden. Gleichzeitigen Ballonaufstiegen an verschiedenen Orten kommt in diesem Zusammenhang ebenfalls große Bedeutung zu, erlauben doch solche Messungen z. B. lokale Effekte in ihren vielfältigen Besonderheiten von weltweiten zu trennen oder Längen- und Breitenabhängigkeiten bei den verschiedenen Meßgrößen zu studieren.

1.3. Außer solchen "Protonen-Ereignissen" beobachtet man in der Nordlichtzone während erdmagnetisch gestörter Perioden zeitweilig Röntgenstrahlung im Energiebereich unter 100 keV, die sehr oft mit Nordlichtern assoziiert ist. Man nimmt heute allgemein an, daß es sich dabei um Elektronen-Bremsstrahlung handelt. Allerdings ist die Herkunft der Elektronen auch heute noch nicht sicher bekannt. Die zeitliche Struktur solcher Röntgenstrahlungsausbrüche (vgl. z. B. Abb. 22), die Schwankungen des primären Elektronenflusses um Größenordnungen innerhalb weniger Sekunden anzeigen, läßt sich nicht durch direkte solare Herkunft der Elektronen erklären (die Elektronen müßten praktisch monoenergetisch von der Sonne emittiert werden). Die intensivsten Ausbrüche (10^5 Photonen/cm^2 sek [8]) setzen Elektronenflüsse voraus, die durch die Population der Erdstrahlungsgürtel (10^8 Elektronen/cm^2 sek [45]) nicht gedeckt werden können. Die Elektronen können daher auch nicht - oder doch nicht immer - aus den Strahlungsgürteln stammen. Man nimmt heute an, daß sich Beschleunigungsprozesse in der Magnetosphäre abspielen, über deren Natur allerdings noch nichts Genaues bekannt ist. Deren Aufklärung stellt zur Zeit ein Hauptanliegen der extraterrestrischen Forschung dar. Zweifellos sind dazu weitere Messungen vielfältiger Art erforderlich. Auch hier kommt Messungen mit Ballon-Geräten große Bedeutung zu, da sie u. a. eine genaue Analyse zeitlicher Variationen ermöglichen. Man darf hoffen, daß sich aus solchen Untersuchungen wertvolle Hinweise auf die Dynamik im Übergangsbereich zwischen erdgebundenem Magnetfeld - der Magnetosphäre - und den Feldern des interplanetaren Raumes ergeben werden.

1.4. Gleichzeitige Ballonaufstiege

Die in 1.2. und 1.3. angeführten Tatsachen haben uns veranlaßt, in der Nordlichtzone Ballonaufstiege zu planen. Als geeigneter Ort zur Durchführung solcher Aufstiege bot sich das uns geographisch am nächsten liegende Kiruna in Nordschweden an, das uns auch wegen der materiellen Voraussetzungen (geophysikalisches Observatorium) geeignet erschien. Wir sind insbesondere der kgl. schwedischen Akademie der Wissenschaften sehr verpflichtet, daß uns die Durchführung der Ballonaufstiege von Kiruna aus ermöglicht wurde. Dem Direktor des Geophysikalischen Observatoriums in Kiruna, Herrn Dr. B. Hultqvist, möchten wir an dieser Stelle unseren besonderen Dank aussprechen für die gewährte Gastfreundschaft und die vielfältige Unterstützung, die wir von Seiten des Observatoriums erfahren haben.

Da gleichzeitige Ballonaufstiege, wie schon erwähnt, Schlüsse ermöglichen, die aus einer Messung allein nicht gezogen werden können, haben wir bei unseren Aufstiegen besonderen Wert darauf gelegt, sie möglichst gleichzeitig mit Ballonaufstiegen anderer Gruppen auszuführen. Zu diesem Zweck wurden Verabredungen mit amerikanischen Gruppen (Universität von Minnesota, Minneapolis) getroffen, um zeitlich weitgehend überlappende Messungen über Fort Churchill (Kanada), Kiruna (Schweden) und Minneapolis (USA) zu erzielen. Das ist auch trotz verschiedener Schwierigkeiten (Nachrichtenübermittlung, Wetter und dgl.) in zahlreichen Fällen befriedigend gelungen.

1.5. Gegenstand der vorliegenden Arbeit

In der vorliegenden Arbeit werden zwischen dem 11. und dem 16. Juli 1961 über Kiruna (Schweden) ausgeführte Messungen mit Detektoren, die an Plastikballonen in große Höhen aufgelassen wurden, untersucht. Die Messungen wurden während einer von zwei starken Sonnen-Eruptionen beherrschten Periode ausgeführt, in der solare Protonen, durch solare Protonen ausgelöste Kern-Gamma-Strahlung und Röntgenstrahlung nachgewiesen werden konnten. Gleichzeitige Messungen der Minneapolis-Gruppe über Minneapolis und Fort Churchill, sowie Messungen mit dem von der State University of Iowa, Iowa, gestarteten Erdsatelliten Injun I werden zum Vergleich mit unseren Messungen in besonderem Maße herangezogen.

1.6.
Die bei den Messungen verwendeten Ballonsonden enthielten als Detektoren ein Zählrohr mit vertikaler Achse, ein Zählrohrteleskop und eine Ionisationskammer. Der Aufbau der Sonde und ihre Wirkungsweise sind bei PFOTZER et al. [53] ausführlich beschrieben. Die spezifischen Eigenschaften der Detektoren in den verschiedenen, bei den vorliegenden Meßaufgaben vorkommenden Strahlungsfeldern (Protonen-, Gamma- und Röntgenstrahlung) wurden vom Verf. [36] untersucht. In der zitierten Arbeit wurden insbesondere auch die Kriterien abgeleitet, auf die sich die in der vorliegenden Arbeit angewandten Interpretationsverfahren der Meßergebnisse stützen.

1.7. Resultate

Die Ausbreitung von relativ energiearmen solaren Protonen nach zwei, in der vorliegenden Arbeit näher diskutierten, solaren Eruptionen (11. 7. und 12. 7. 1961) ließ sich in den Rahmen eines Modells einordnen. Von energiearmen Protonen in der Atmosphäre ausgelöste Kerngammastrahlung wurde nachgewiesen. Zeitliche Schwankungen der Gammastrahlung während der Hauptphase des geomagnetischen Sturmes am 13./14. 7. 61 konnten im Anschluß an Untersuchungen von HOFMANN und WINCKLER [31] als Änderungen des primären Protonenflusses über dem Meßort interpretiert werden. Diese wiederum scheinen durch Variationen des Erdmagnetfeldes verursacht worden zu sein.

Bereits vier Stunden vor dem sudden commencement (sc) des geomagnetischen Sturmes am 13. 7. 61 wurde ein mit der Zeit wachsender Photonenfluß (mittlere Energie um 100 keV) nachgewiesen ("Vorläufer des sc"), der sich im Augenblick des sc zu einem impulsartigen Anstieg des Photonenflusses (sc-Effekt) steigerte. Es wird angenommen, daß es sich dabei um Elektronenbremsstrahlung handelte. Möglichkeiten zur Erklärung dieses Phänomens im Rahmen verschiedener Modellvorstellungen werden diskutiert.

2. Die solar-terrestrischen Ereignisse im Juli 1961

Im mittleren Teil von Abb. 1 sind die Ballonaufstiege zusammengestellt, welche die Basis für die folgenden Untersuchungen ergeben. In den beiden ersten Zeilen sind unsere Aufstiege über Kiruna und Lindau eingetragen. In den beiden nächsten Zeilen sind die Ballonaufstiege der Minneapolis-Gruppe über Minneapolis und Fort Churchill markiert [31] . Alle Aufstiege wurden gemäß einer Absprache mit Prof. Winckler, Minneapolis, ausgeführt. Das Ziel war, eine möglichst gute zeitliche Überlappung der Flüge zu erreichen (durch gegenseitige telegraphische Information jeweils vor oder kurz nach dem Start). Wie man sieht, kamen wir unserem Ziel recht nahe.

Abb. 1 gibt darüber hinaus eine Übersicht über die verschiedenen Ereignisse zwischen dem 11. und 31. Juli 1961, dokumentiert durch optische und Radiowellen-Beobachtungen der Sonne, die planetare Amplitude ap des Magnetfeldes und die Zählrate eines Neutronen-Monitors am Erdboden.

Dem 11. Juli ging eine erdmagnetisch ziemlich ungestörte Periode voraus. Abgesehen von mittleren Bay-Störungen am 29. 6. und 5. 7. bewegten sich die Kp-Werte um Kp = 3 (Abb. 2).

Die Sonnenaktivität dieser Periode war ebenfalls ensprechend gering.

Vom 11. Juli ab setzte eine Folge von Ereignissen ein, die mit einer chromosphärischen Eruption der Klasse 3 in der McMath-Fackel-Region 6171 (32° Ost heliographischer Länge) ihren Anfang nahm. Optisch war diese Eruption am 11. 7. von 16.15 bis 20.40 UT zu beobachten. Ab 16.55 UT wurde ein Radiostrahlungsausbruch vom Typ IV[*)] der Stärke 2^+ registriert.

Eine Eruption der Klasse 3^+ wurde am 12. 7., 10.00 UT, in derselben Fleckengruppe (23° Ost) registriert, die von einem verhältnismäßig schwachen Typ IV-Ausbruch begleitet war, die aber auf der Tagseite der Erde einen bemerkenswerten sfe (solar-flare-effekt) in den erdmagnetischen Registrierungen auslöste.

Am 13. Juli, 11.13 UT, zeigte ein sc die Ankunft einer Plasmafront in Erdumgebung an, die sehr wahrscheinlich von dem Flare am 11. 7. stammte (Laufzeit etwa 42 Stunden). Ab 13.12 UT war ein Forbush-Effekt der galaktischen kosmischen Strahlung zu beobachten.

Am 14. Juli, 08.12 UT, zeigte ein si (sudden impuls) auf den erdmagnetischen Registrierungen das Eintreffen einer zweiten Plasmafront an, die wir dem zweiten Flare am 12. 7. zuordnen müssen (Laufzeit 46 Stunden). Der Forbush-Effekt der kosmischen Strahlung setzte zwischen 08.00 und 10.00 UT ein.

Am 15. Juli war ab 14.33 UT in der McMath-Fackel-Region 6172 in 14° Ost heliographischer Länge, diesmal aber nördlich des Sonnenäquator, eine Eruption der Klasse 3 beobachtbar. Die andere Fleckengruppe in Region 6171 (südlich des Äquator) brachte um 15.08 UT erneut eine Eruption der Klasse 2 hervor.

[*)] Typ IV Radiostrahlung (Type IV burst): Eine von der Sonne emittierte Radiostrahlung, deren Spektrum sich im allgemeinen von etwa 25 MHz bis hinauf zu 6000 MHz erstreckt, die manchmal total, manchmal teilweise oder gar nicht polarisiert ist. Diese Radiostrahlung wird meist zusammen mit chromosphärischen Eruptionen (Flare) größer als Klasse 2^+ beobachtet. Man nimmt heute an, daß es sich dabei um Synchrotron-Strahlung handelt, von schnellen Elektronen emittiert, die sich im Magnetfeld einer Fleckengruppe auf Spiralbahnen bewegen. Tritt der Mikrowellen-Ausbruch plötzlich auf, so fällt er zeitlich zusammen mit dem "Flash" des optischen Flares und der Emission solarer Röntgenstrahlung. Vermutlich markiert das Auftreten des Typ IV-Ausbruches den Augenblick, in dem geladene Teilchen plötzlich auf hohe Energien beschleunigt werden (solare kosmische Strahlung) [21] .

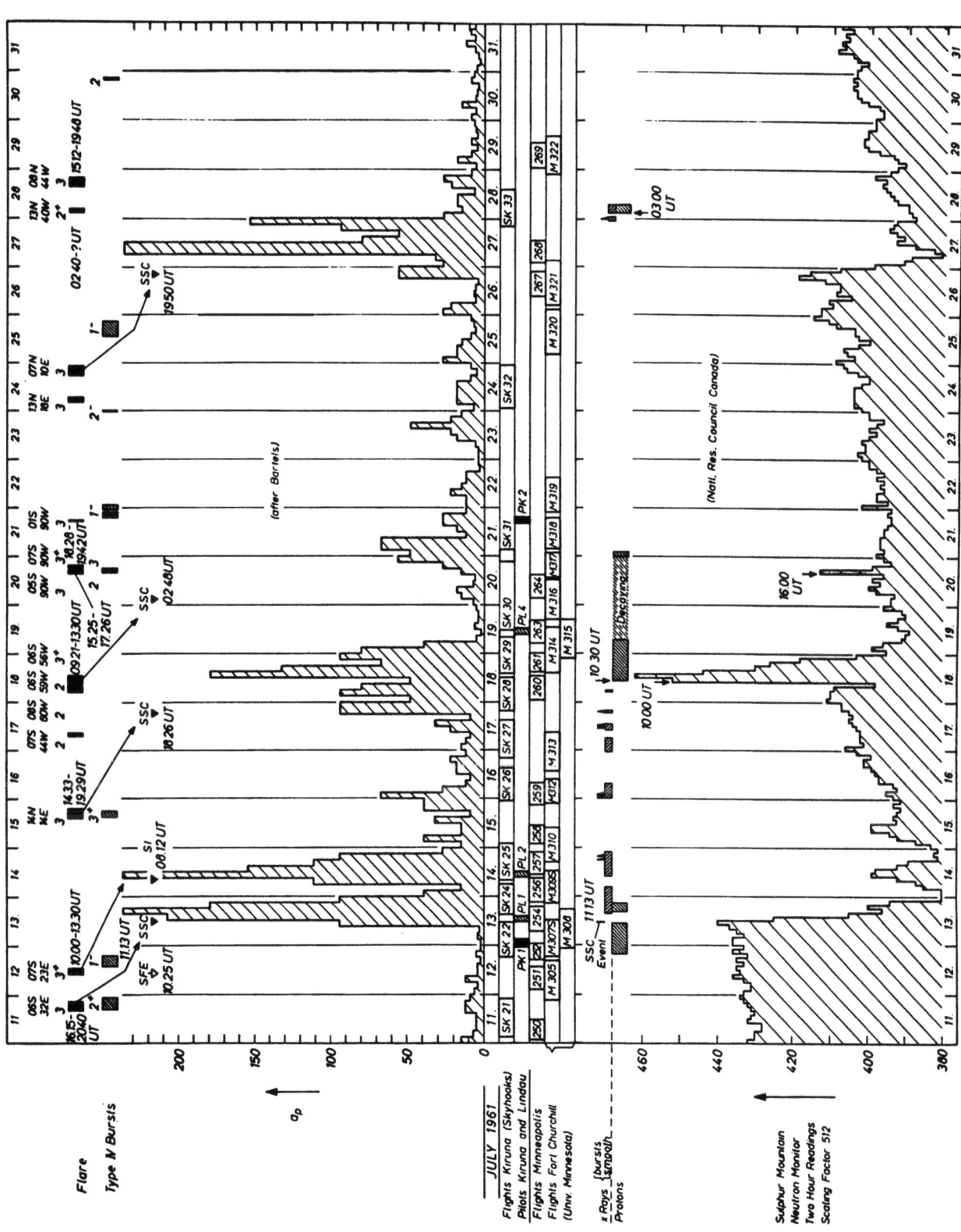

Abb. 1: Solare Ereignisse und terrestrische Beobachtungen zwischen 11. und 31. 7. 1961. ap nach BARTELS, Flare-Daten, Typ IV-Radio-Strahlung und Sulphur-Mountain-Neutronen-Monitor-Daten aus Boulder Report CRPL part B - F 204, 205, 207, 1961. In den Zeilen unter der ap-Darstellung sind unsere Ballonflüge über Kiruna/Schweden und Lindau eingetragen, darunter die Flüge der Cosmic Ray Group, University of Minnesota (persönliche Mitteilung von Prof. Dr. J. R. Winckler). In der folgenden Zeile sind die Zeiten, in denen über Kiruna solare Protonen oder Röntgenstrahlungsausbrüche gemessen wurden, angegeben.

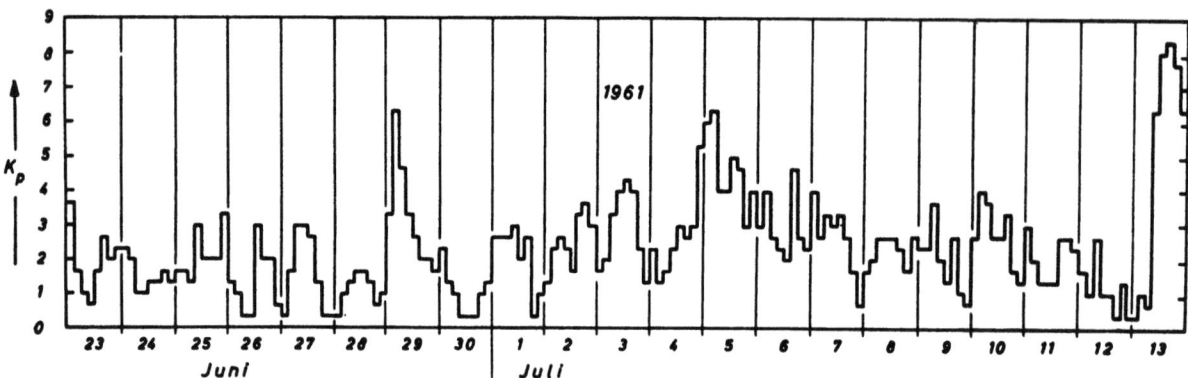

Abb. 2: Kp (nach BARTELS) für die Zeit vom 23. 6. bis 13. 7. 1961.

Der sc des erdmagnetischen Sturmes trat 51 Stunden später, am 17. 7., 18.26 UT, ein, der Forbush-Effekt am 18. 7., 00.00 UT.

Tab. 1 gibt einen synoptischen Überblick der oben skizzierten Ereignisfolge.

Tabelle 1

Ereignisse zwischen 11. 7. und 17. 7. 61

Datum	Zeit UT	Ereignis	Position	McMath Fackel Region
11. 7. 1961	16.15 - 20.40	Flare 3$^+$	06S 32E	6171
	16.50 - 17.50	SCNA 3		
	16.51	SID		
	16.55 - 18.45	Typ IV		
	17.02 - 23.00	Typ IV		
	19.10	Protonen über Kiruna		
12. 7. 1961	10.00 - 13.30	Flare 3$^+$	07S 23E	6171
	10.03	SID		
	10.20	sfe		
		Typ IV		
	10.20 - 11.33	SCNA		
	12.00	Protonen über Fort Churchill		
13. 7. 1961	08.30	sc-Vorläufer		
	11.13	sc		
		magn. Sturm max Kp = 8+		
	13.12	Forbush-Effekt		
14. 7. 1961	08.12	si		
		magn. Sturm max Kp = 8+		
	08.00 - 10.00	Forbush-Effekt		
15. 7. 1961	14.33 - 19.29	Flare 3	14N 14E	6172
	15.08 - 15.49	Flare 2	07S 21W	6171
	15.22 - 18.03	Typ IV		
17. 7. 1961	18.26	sc		
		Forbush-Effekt		

3. Die Aufstiege [1] [2]

In Abb. 3 [3] ist das Beobachtungsmaterial zusammengefaßt, und zwar sind dort die Zählraten der Detektoren bei Ballonflügen über Fort Churchill, Kiruna und Minneapolis gegen die Zeit aufgetragen. Die Flüge über Fort Churchill und Minneapolis wurden von der Universität von Minnesota, Minneapolis, unter der Leitung von Prof. Winckler ausgeführt. Die Aufstiegsergebnisse wurden dem Verfasser von Herrn Prof. Winckler freundlicherweise zur Verfügung gestellt (vgl. HOFMANN und WINCKLER [31]). Die Aufstiege über Kiruna wurden vom Verfasser ausgeführt.

3.1. Die Eruption vom 11. 7. 1961

3.11. Das Beobachtungsmaterial

Am 11. 7. 1961, 03.30 UT, wurde über Kiruna ein Ballon gestartet, der eine Gipfelhöhe von 8 mb erreichte und im Laufe des Tages auf 15 mb sank. Der Flug verlief normal bis 19.10 UT. Dann setzte eine geringe Zunahme der Zählraten N der drei Detektoren gegenüber den (druckkorrigierten) "normalen" Zählraten (N_o) ein (Abb. 3). Diese Zusatzstrahlung ($\Delta N = N - N_o$) nahm bis zum Ende des Fluges (22.30 UT) stetig zu.

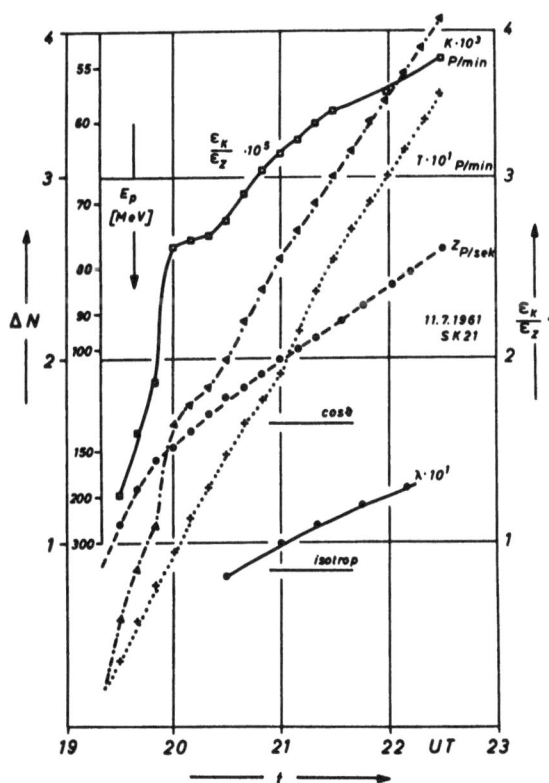

In Abb. 4 ist diese Zusatzstrahlung gegen die Zeit zusammen mit dem Verhältnis λ der Zählraten von T und Z und dem Verhältnis ϵ_K/ϵ_Z der Empfindlichkeiten von Ionisationskammer (ϵ_K) und Zählrohr (ϵ_Z) (vgl. KEPPLER [36]) aufgetragen.

Abb. 4: Zusatz-Zählraten bei Ionisationskammer (K), Teleskop (T) und Zählrohr (Z) bei Aufstieg Sk 21 am 11. 7. 1961. Mit eingezeichnet ist das Verhältnis ϵ_K/ϵ_Z der Empfindlichkeiten von Ionisationskammer (ϵ_K) und Zählrohr (ϵ_Z). Die E_p-Skala gibt die den jeweiligen Werten ϵ_K/ϵ_Z nach Abb. 6 entsprechenden Protonenenergien am Meßort an. Die mit λ bezeichnete Kurve gibt den Verlauf des Zählratenverhältnisses von Teleskop und Zählrohr wieder. Zur Orientierung sind noch durch Striche die einer isotropen und die einer cos ϑ-Zenitwinkelverteilung entsprechenden Werte von λ angegeben (vgl. Abb. 5).

---

[1] Wir benutzen bei der folgenden Diskussion die von der Minneapolis-Gruppe ausgeführten Ballonaufstiege mit, ohne jedesmal die Quelle zu zitieren. Lediglich, wenn Folgerungen, die HOFMANN und WINCKLER [31] aus ihren Messungen gezogen haben, mit verwendet werden, verweisen wir auf das Zitat.

[2] Folgende Abkürzungen werden eingeführt: K Ionisationskammer, T Teleskop, Z Zählrohr, SZ Szintillationszähler.

[3] Aus praktischen Gründen ist Abb. 3 S. 45 eingefügt.

3.1.

Aus den Werten von λ (Abb. 5) entnimmt man, daß die Zusatzstrahlung zunächst etwa isotrop, später entsprechend einer Verteilung $(\cos \vartheta)^{0,4}$ einfiel. Reduziert man $\Delta N_K / \Delta N_Z$ mit dem aus λ folgenden Verhältnis der Geometriefaktoren von K und Z auf $\varepsilon_K / \varepsilon_Z$, so entnimmt man Abb. 6, daß die Zusatzstrahlung aus Protonen bestand und zwar gegen 19.30 UT mit einer mittleren Energie von etwa 200 MeV am Meßort, entsprechend rund 330 MeV im freien Raum. Gegen Ende des Fluges wurde die angezeigte Energie kleiner (55 MeV um 22.30 UT, entsprechend rund 180 MeV im freien Raum). Die Flußdichte der Teilchen betrug zu dieser Zeit $\Delta I_o = 0,053$ Protonen/cm^2 sek ster.

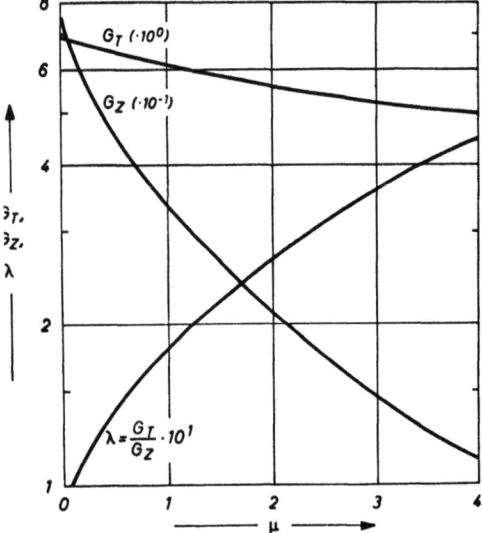

Abb. 5: Geometriefaktoren von Zählrohr (G_Z) und Teleskop (G_T) in Abhängigkeit vom Exponenten μ einer $\cos^\mu (\vartheta)$-Verteilung. Verhältnis λ der Geometriefaktoren von Teleskop und Zählrohr in Abhängigkeit von μ.
$G(\mu) = 2\pi \int_0^{\pi/2} F(\vartheta) f(\vartheta) \cos \vartheta \, d\vartheta$; $F(\vartheta)$: die in die Richtung ϑ projizierte Detektoroberfläche; $I(\vartheta)$, die Zenitwinkelverteilung der kosmischen Strahlung läßt sich durch $I(\vartheta) = I_o f(\vartheta)$ mit $f(\vartheta) = \cos^\mu \vartheta$ darstellen.
Wegen $\Delta N = \varepsilon \cdot I_o \cdot G$ ergibt sich $\Delta N_T / \Delta N_Z = (\varepsilon_T / \varepsilon_Z) \cdot (G_T / G_Z)$; für geladene Teilchen ist $\varepsilon_T / \varepsilon_Z$ konstant oberhalb der durch die Wandstärke der Detektoren gegebenen Schwellenenergie (nach KEPPLER [36]).

Mit einem später gestarteten Ballon (Abb. 3, S.45) wurden über Fort Churchill ebenfalls Protonen mit Energien > 80 MeV (im freien Raum) nachgewiesen, während über Minneapolis wenig später keine Protonen nachweisbar waren (geomagnetischer cut off ca. 700 MeV, Tab. 2). Am 12. 7. waren also nach 02.00 UT sicher keine Protonen mit Energie oberhalb von 700 MeV vorhanden (vgl. Tab. 2, Fußnote 4).

Wir nehmen an, daß diese Protonen in der oben erwähnten Sonneneruption am 11. 7., 16.15 UT, beschleunigt wurden (vgl. Tab. 1).

Nach einer von KEPPLER [36] angegebenen Methode läßt sich das

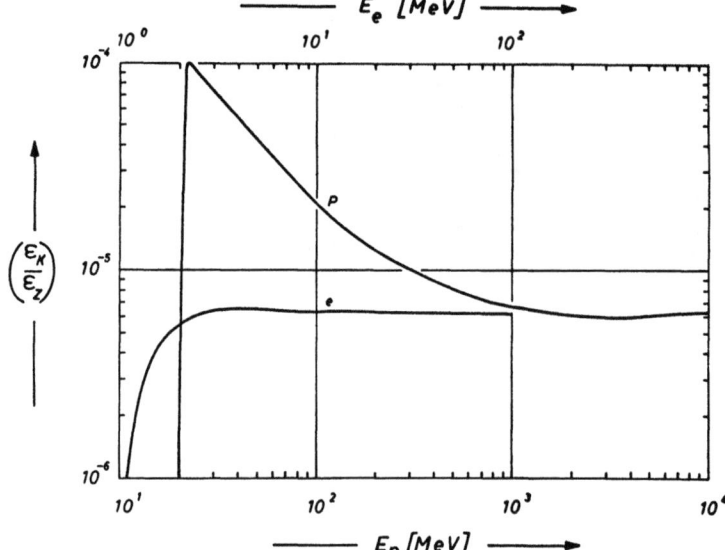

Abb. 6: Verhältnis der Empfindlichkeiten von Ionisationskammer (ε_K) und Zählrohr (ε_Z) für Protonen (p) und Elektronen (e) in Abhängigkeit von der Teilchenenergie (E_p bzw. E_e) (nach KEPPLER [36]).

Energiespektrum der Protonen näherungsweise aus der spezifischen Ionisation ermitteln.

Für Sk 21 (Abb. 3) findet man gegen Ende des Fluges am Meßort eine mittlere Energie der Teilchen von $\overline{E} = 55$ MeV; dem entspricht ein $\overline{dE/dx} \approx 8$ MeV/g/cm^2 und ein Exponent γ des zugrundegelegten differentiellen Energiespektrums

$$f(E)dE = K \cdot E^{-\gamma} dE \qquad (1)$$

von $\gamma \approx 1,7$.

Tabelle 2

Wichtige Daten der einzelnen Stationen

	Geographisch		Geomagnetisch		R_{vert} [1]) GV	E_p [2]) MeV	p^+ [3]) mb
	Länge	Breite	Länge	Breite			
Fort Churchill	94,2° W	58,8° N	324°	69° N	0,20	21	0,5
Kiruna	20,4° O	67,9° N	116°	65° N	0,46	107	10
Minneapolis [4])	93,3° W	45,0° N	331°	55° N	1,38	730	----
Lindau	10,0° O	51,5° N	94°	52° N	2,64	1860	----

[1]) R_{vert}: Magnetische Steifigkeit für vertikalen Einfall nach SAUER [57] ; aus dem Zahlenwert von R in GV findet man den Zahlenwert von (pc) in MeV durch die Beziehung: (pc) = 0,999 R.

[2]) Ep: Maximale kinetische Energie von Protonen, die vom Zenit her einfallen können. $E_p = [(pc)^2 + (m_o c^2)^2]^{1/2} - m_o c^2$; wenn man alle Größen in MeV ausdrückt, kann man dafür schreiben $E_p = [(pc)^2 + 0,88]^{1/2} - 0,938$.

[3]) p^+: Reichweite primärer Protonen der kinetischen Energie Ep in mb, d. i. das Druckniveau, bis zu dem solche Protonen vordringen können.

[4]) Die cut-off-Daten für Minneapolis sind möglicherweise zu hoch. MCDONALD und WEBBER [43] geben einen cut off von 300 MeV an; ANDERSON et al. [3] vermuten, daß möglicherweise 600 MeV korrekt wäre. Daß der angegebene Wert zu hoch ist, vermuten auch AKASOFU et al. [1] aus anderen Gründen.

3.12. Die Laufzeit der Teilchen

Es scheint mittlerweile sicher, daß die Beschleunigung energiereicher Teilchen auf der Sonne zusammenfällt mit dem Auftreten der Typ IV Radiostrahlung (vgl. Fußnote S. 8). Wir wollen daher die erste Beobachtung dieser Strahlung im Flare am 11. 7. als Beginn der Teilchenbeschleunigung ansehen. Bis zum Eintreffen der Teilchen auf der Erde ergibt sich (Tab. 1) eine Laufzeit von 2 1/4 Stunden, die rund siebenmal größer ist als die Laufzeit direkt von der Sonne kommender Teilchen derselben Energie.

Zur Erklärung der verzögerten Ankunft wollen wir einen Diffusionsprozeß betrachten. Nach DORMAN [19] läßt sich für die Diffusionsgleichung

$$\frac{dI}{dt} = D \Delta I + F(t), \qquad (2)$$

die die Änderung der Dichte I(r, t, E) von Teilchen der Energie E in einer Entfernung r von der als Punktquelle der Stärke F(t) angenommenen Sonne in dem durch die Diffusionskonstante D charakterisierten interplanetaren Medium eine Lösung der Form

$$I(r, t, E) = \frac{N(E)}{(4 \pi Dt)^{3/2}} e^{-\frac{r^2}{4Dt}} \qquad (3)$$

angeben. (t gerechnet vom Zeitpunkt der Teilchenemission an.) Durch $D = (c/3) \beta L$ ist eine charakteristische Länge $\bar{L} = \beta L$ im interplanetaren Medium bestimmt, die sich als mittlere freie Weglänge

3.2.

der Teilchen für Streuprozesse auffassen läßt. Da die Energieabhängigkeit von D unbekannt ist, nimmt man in erster Näherung D = const. an und kann dann für die Erde ($r = r_o$, r_o = 1 AE = $1,49 \cdot 10^{13}$ cm) schreiben

$$I(t)/_{r = r_o} = \frac{N}{(4\pi Dt)^{3/2}} e^{-\frac{r_o^2}{4Dt}} \qquad (4)$$

Trägt man ln ($I(t) \cdot t^{3/2}$) gegen $1/t$ in einem Diagramm auf, so muß sich, wenn diese einfachen Annahmen den Verhältnissen gerecht werden, eine Gerade mit der Steigung $r_o^2/4D$ ergeben.

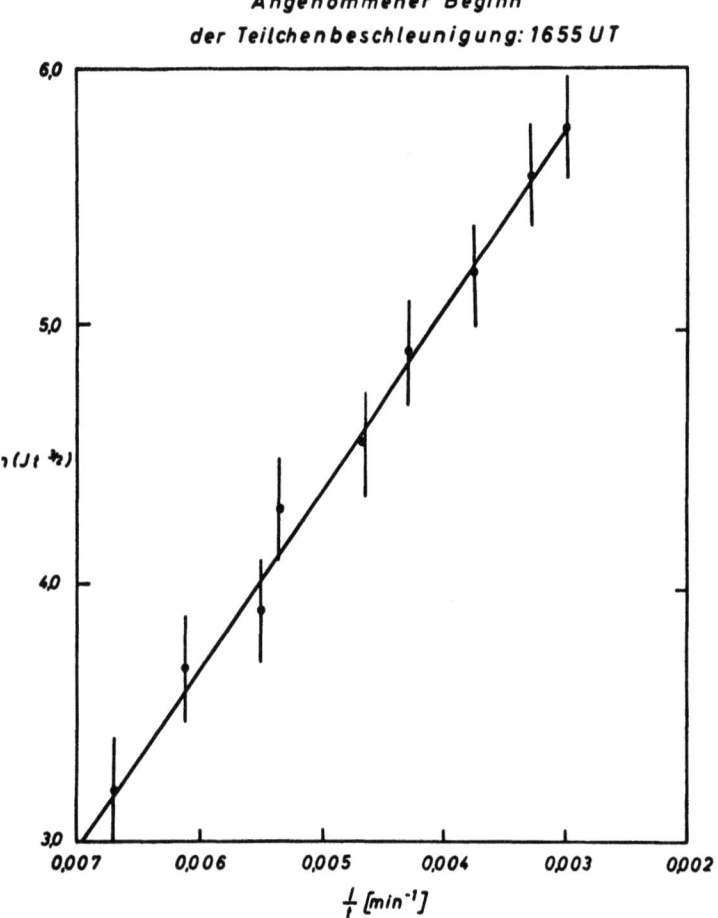

Abb. 7: Zusatz-Zählrate des Zählrohres während des solar-flare-effektes am 11. 7. 1961.

Für Sk 21 ist dies in Abb. 7 geschehen. Aus $r_o^2/4D \approx 700$ min findet man für $\bar{L} \approx 0,01$ AE. Insbesondere ergibt sich, daß sich bei einer anderen Wahl des Zeit-Nullpunktes in dieser Darstellung keine Gerade zeichnen läßt. Das ist zugleich eine Rechtfertigung der oben gemachten Annahme über den Zeit-Nullpunkt.

Aus (4) findet man für das Maximum der Teilchendichte an der Stelle $r = r_o$ aus $(dI(t)/dt) = 0$ die Bedingung

$$r_o^2 = 6 Dt_{max} . \qquad (5)$$

Der beobachtete Effekt dürfte (vgl. Flug M 305, Abb. 3) sein Maximum am 12. 7. gegen 00.30 UT durchlaufen haben. Aus (5) ergibt sich dann als Kontrolle des vorigen mit $t_{max} \approx 7$ h ein $\bar{L}$ von etwa 0,01 AE. Das ist in Übereinstimmung mit dem aus (4) abgeleiteten Wert, so daß das zugrundegelegte einfache Modell wesentliche Züge der Ausbreitung solarer Protonen - also Streuprozesse - zu enthalten scheint. BHAVSAR [8] fand für den Effekt 3. 9. 1960 für $\bar{L}$ einen Wert von 0,02 AE; HEPPNER et al. [29] folgerten aus Messungen mit Explorer X, daß das von der Sonne abströmende Plasma räumliche Strukturen der typischen Dimension 0,01 AE aufweise.

3.2. Die Eruption vom 12. 7. 1961 (Aufstieg Sk 22)

3.21. Die Aufstiegsphase von Sk 22

Der über Kiruna (wegen schlechter Wetterverhältnisse) erst lange nach der Eruption am Abend des 12. Juli gestartete Ballon Sk 22 erreichte seine Gipfelhöhe um 19.45 UT (10 mb) (Abb. 3, S.45).

Zusatzstrahlung wurde mit allen Detektoren bereits bei einem Luftdruck von 45 mb gemessen. λ blieb während der ersten Stunden des Fluges nahezu konstant (λ = 0,2; Abb. 8). Das entspricht nach Abb. 5 einer merklich anisotropen Zenit-Winkelverteilung von $\cos^{1,2}\vartheta$. Mit den entsprechenden Geometriefaktoren G_Z = 30,5, G_T = 6,0 (Abb. 5) findet man um 20.20 UT (maximaler Wert) eine Flußdichte von 0,62 Protonen/cm^2 sek ster, die nach und nach abnimmt. Gegen 02.00 UT wurden noch ca. 0,3 Protonen/cm^2 sek ster gemessen. Daß die nachgewiesenen Teilchen Protonen waren, geht aus dem Wert von $\varepsilon_K / \varepsilon_Z$ eindeutig hervor. Die angezeigte Protonenenergie liegt bei 30 MeV (Abb. 8). Entsprechend der Reichweite (45 mb) liegt die maximale Energie der Teilchen bei 260 MeV. Aus der Intensitätsänderung während des Aufstiegs kann man darüber hinaus auf das Energiespektrum der Teilchen schließen, da man ja während des Aufstiegs praktisch eine Reichweitemessung vornimmt (vgl. KEPPLER [36]).

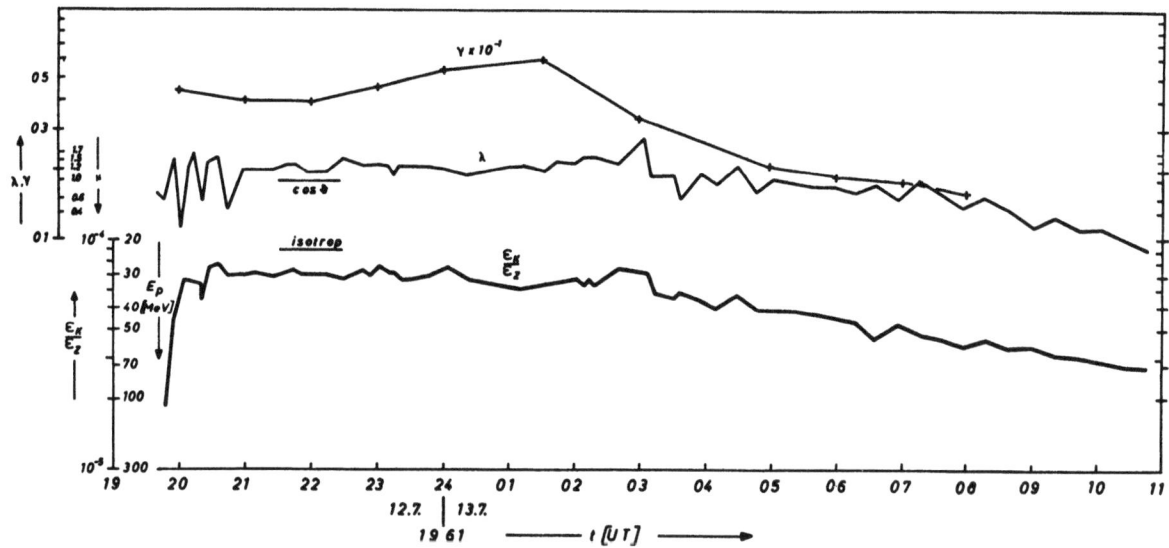

Abb. 8: Variationen des Verhältnisses λ der Geometriefaktoren, des Verhältnisses der Empfindlichkeiten von Ionisationskammer und Zählrohr $\varepsilon_K / \varepsilon_Z$ und des Exponenten γ des differentiellen Energiespektrums Gl. (1) während des Fluges Sk 22 am 12./13. 7. 1961 (vgl. auch Bildunterschrift von Abb. 4).

3.22. Das Spektrum am 12. 7. 1961

In Abb. 9 ist das Reichweitespektrum für die Messungen mit Sk 22 wiedergegeben (K_1, T_1, Z_1). Im unteren Teil der Kurve dürfte eine zeitliche Variation (in der Zählrohr-Registrierung sowohl als auch im Flug M 307 über Fort Churchill, Abb. 3 (S.45) deutlich erkennbar) für die Streuung der Meßwerte verantwortlich sein. Oberhalb von etwa 20 mb lassen sich die Zusatz-Zählraten gut durch Geraden darstellen. Als Mittelwert aus den Messungen der drei Detektoren erhält man ein Spektrum

$$f(E)\,dE \sim E^{-4,4}\,dE\,(110 \leq E \leq 270\ \text{MeV}). \tag{6}$$

Bei einem zusätzlichen Pilotaufstieg wurde das Spektrum am 13. 7. gegen 01.30 UT ein zweites Mal ausgemessen (Abb. 3, Abb. 9, Z_2). Bei diesem Aufstieg war Zusatzstrahlung erst oberhalb von 20 mb nachweisbar, was einer Erniedrigung der Maximal-Energie der einfallenden Protonen von zunächst 270 MeV auf 160 MeV entspricht. Das differentielle Spektrum verlief wesentlich steiler als 6 Stunden vorher, nämlich wie

$$f(E)\,dE \sim E^{-6,1}\,dE\,(110 \leq E \leq 160\ \text{MeV}). \tag{7}$$

3.2.

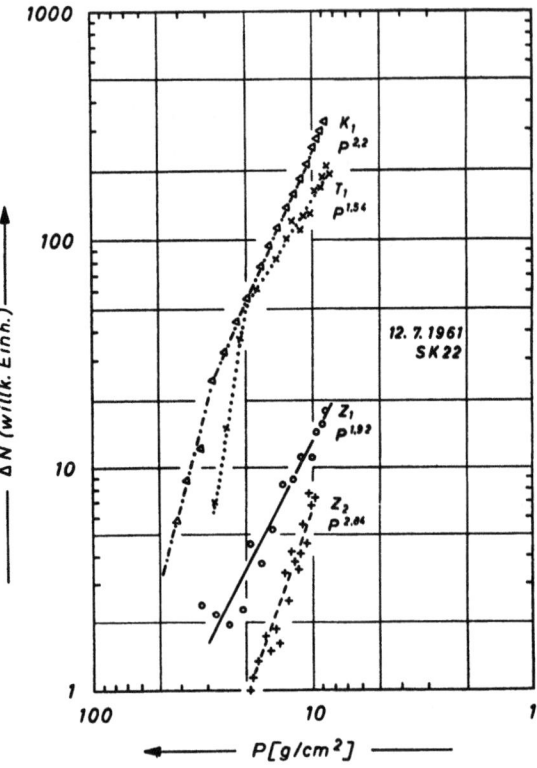

Abb. 9: Zusatz-Zählraten der Detektoren während des Steigfluges von Sk 22 am 12. 7. 1961 (Reichweitenspektrum).

3.23. Vergleich mit anderen Messungen am 12./13. 7.

Bereits zwei Stunden nach Beginn der Eruption am 12. 7. wurden über Fort Churchill solare Protonen (M 305 in Abb. 3) mit Energien > 80 MeV nachgewiesen [31]. Auch hier läßt sich die die Zunahme der Zählraten (M 305, Abb. 3) bewirkende Flußzunahme der Primär-Teilchen durch einen Diffusionsprozeß (vgl. 3.12.) beschreiben, für den sich ebenfalls ein $\overline{L}$ von 0,01 AE ergibt.

Messungen des Satelliten Injun I erbrachten nach PIEPER et al. [54] den ersten Nachweis von energiearmen Protonen ($1,5 \leq E \leq 15$ MeV) am 12. 7., 17.17 UT; in der geomagnetischen Breite $\varphi_m \approx 65°$ N (Kiruna) ergab sich eine Flußdichte von 100 Protonen/cm^{2}sek ster. Für das differentielle Energiespektrum $f(E) dE \sim E^{-\gamma} dE$ fanden die Autoren $\gamma = 2,7$.

Am 13. 7., 00.34 UT, wurde, allerdings in höheren Breiten ($\varphi_m \approx 70°$), im Energiebereich 1,5 ... 15 MeV eine Flußdichte von 1500 Protonen/cm^{2}sek ster gemessen, während sie im Energiebereich > 40 MeV etwa 25 Protonen/cm^{2}sek betrug ($\gamma = 2,8$). Das von uns gefundene Spektrum für E > 110 MeV wies einen Exponenten $\gamma = 5,7$ auf (Abb. 8).

FREIER und WEBBER [26] schlossen aus den Messungen von HOFMANN und WINCKLER [31] am 13. 7., 00.00 UT, auf ein Spektrum (1) mit einem Exponenten $\gamma = 6$ ($80 \leq E \leq 160$ MeV).

GUSS und WADDINGTON [28] fanden mit Emulsionen am 13. 7. zwischen 08.00 udn 18.00 UT gemittelt einen Wert $\gamma = 5,6$ im Energiebereich 77,5 bis 200 MeV (Tab. 3).

Unsere Messungen stehen mit diesen bezüglich des hochenergetischen Protonen-Anteils in Einklang.

Das Spektrum bei niederen Energien verläuft jedoch wesentlich flacher als bei den von uns beobachteten höheren Energien.

Tabelle 3

Variationen des Energiespektrums am 12./13. 7. 1961
nach Messungen verschiedener Autoren

Datum	Zeit UT	γ	Energiebereich	Autoren
12. 7.	17.17 UT	2,7	$1,5 \leq E \leq 15$ MeV	PIEPER et al. [54]
12. 7.	20.00 UT	4,4	$110 \leq E \leq 270$ MeV	Verfasser
13. 7.	00.34 UT	2,8	$1,5 \leq E \leq 15$ MeV	PIEPER et al. [54]
13. 7.	00.00 UT	6,0	$80 \leq E \leq 160$ MeV	FREIER und WEBBER [26]
13. 7.	01.30 UT	6,1	$110 \leq E \leq 160$ MeV	Verfasser
13. 7.	08.00 - 18.00 UT	5,6	$77,5 \leq E \leq 200$ MeV	GUSS und WADDINGTON [28]
13. 7.	15.00 - 16.00 UT	5,0	$70 \leq E \leq 120$ MeV	Verfasser (3.51.)

3.24. Da sich das Energiespektrum gewissermaßen direkt aus den beiden Reichweitemessungen (Sk 22 und Pk 1, Abb. 3) jeweils nur für zwei kurze Zeitintervalle ableiten ließ, wurde der Exponent γ des zugrundegelegten Potenzspektrums, Gl. (1), als Funktion der Zeit nach einer vom Verfasser [36] angegebenen Methode auf der Grundlage der mittleren spezifischen Ionisation berechnet. Das Ergebnis ist in Abb. 8 zusammen mit den aus Reichweite-Messungen bestimmten Werten von γ dargestellt. Die nach den beiden Methoden berechneten Werte von γ stimmen gut überein. Die beiden Methoden ergänzen sich insofern, als die Reichweite-Messung gleichzeitig als Kontrolle dient, inwieweit die Anwendung der zweiten Methode, welche die zeitlichen Änderungen liefert, gerechtfertigt ist.

Bis gegen 23.00 UT zeigen γ, λ und $\varepsilon_K/\varepsilon_Z$ (Abb. 8) nahezu konstante Werte, auch der gemessene Teilchenfluß blieb bis zu dieser Zeit praktisch konstant, obwohl die Satellitenmessungen (Abb. 10) zu dieser Zeit einen stetig wachsenden Fluß niederenergetischer Protonen anzeigten [54]. Die Absorption des kosmischen Radiorauschens (Cosmic Noise Absorption, CNA), gemessen mit dem 27,6 MHz Riometer in College/Alaska, ist in Abb. 10 mit eingezeichnet (nach HOFMANN und WINCKLER [31]). Diese läuft dem vom Satelliten gemessenen Protonenfluß nahezu parallel. Ein entsprechender Verlauf ist in der Registrierung des Riometers in Kiruna zu erkennen, wenngleich diese wegen eines Eichfehlers nicht verwendet werden kann.

Riometer und Satellitendetektoren messen letztlich denselben physikalischen Sachverhalt: Niederenergetische Protonen, die in der unteren Ionosphäre kräftig ionisieren (zwischen 60 und 100 km Höhe) (REID und LEINBACH [55]).

Da in Ballonhöhe die mittlere Ionisation und das Spektrum zunächst konstant blieben, muß man annehmen, daß der Zustrom energiereicher Protonen zunächst fortdauerte, daß aber gleichzeitig energiearme Protonen in zunehmender Anzahl eintrafen. (M 252 in Abb. 3 über Minneapolis zeigte keinerlei Zusatzstrahlung; d. h. es sind keine hochenergetischen Protonen beteiligt.)

3.2.   - 18 -

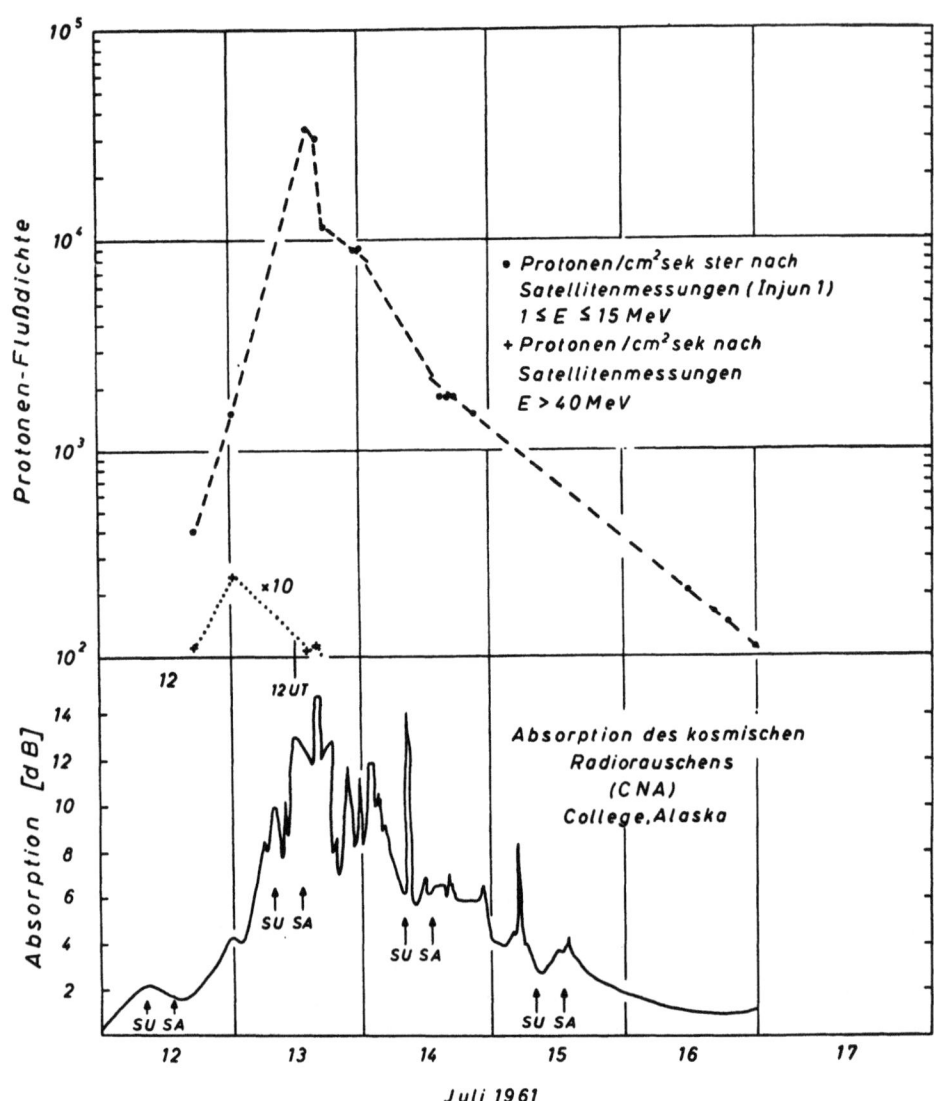

Abb. 10: Flußdichte energiearmer Protonen nach Satellitenmessungen (Injun I) über Nordamerika (PIEPER et al. [54]) und Absorption des kosmischen Radiorauschens über College/Alaska (nach HOFMANN und WINCKLER [31]).

Tabelle 4

Druckwerte während der Aufstiege M 307 und
M 308 (Abb. 11) [1]) am 13. 7. 1961

UT		00	01	02	03	04	05	06	07	08	09	10	11	12	13
p mb	M 307	9	10	11	12	12,5	16	24	18	15	14	12,5	12	12	
	M 308	11	8	7,5	8	8	11	14	18	21	23	14	11	10	8,5

---

[1]) Dem Verf. von Herrn Prof. Winckler freundlicherweise zur Verfügung gestellt.

3.25. Etwa ab 23.30 UT begann die Zählrate des SZ in Flug M 307 (Abb. 3) über Fort Churchill anzusteigen. Im Flug Sk 22 über Kiruna nahmen die Zählraten gleichzeitig ab. (Den Zählraten in M 307 ist ein Druckeffekt überlagert; der Ballon sank und stieg später wieder, Tab. 4). HOFMANN und WINCKLER [31] stellten bei ihrer Analyse der Zählraten von M 307 fest, daß nur die Hälfte der Zählrate des zunächst sehr stark ansteigenden E > 60 keV-Kanals Protonen zuzuschreiben ist. Der Rest, folgern die Autoren, rührte von energiereichen Photonen her, die in Kernprozessen durch Protonen in der Luft ausgelöst wurden. SZ-Registrierung und Satelliten-Messung laufen also beide parallel, entgegengesetzt den Z- und K-Messungen: Der Satellit registrierte die Teilchen selber, SZ die von ihnen ausgelösten weitreichenden Photonen (hohe Empfindlichkeit). Unsere Detektoren sprechen nur auf die energiereichen Protonen an; ein gleichzeitig vorhandener Photonenfluß konnte zunächst wegen der geringen Empfindlichkeit ($\epsilon_Z \approx 1$ % für MeV-Photonen) nicht merklich zur Zählrate beitragen (vgl. 3.28.).

3.26. Nach 01.30 UT wurde das gemessene Spektrum zunehmend flacher (Abb. 8). Die Abnahme der Zählraten in Sk 22 (Abb. 3) wurde um 01.30 UT unterbrochen durch eine geringe Zunahme. Zur gleichen Zeit stieg die Zählrate im niederenergetischen Kanal von M 307 rapide an. Eine starke Zunahme des Protonenflusses zwischen zwei Umläufen von Injun I ist zu erkennen: ca. 100 Protonen/cm^{2}sek ster um 17.17 UT und 1500 Protonen/cm^{2}sek ster um 00.34 UT [54] (Abb. 10) für $1,5 \leq E \leq 15$ MeV.

Dieser relativ schwache Anstieg der Zählraten bei unseren Detektoren endete abrupt um 03.00 UT. Der Sprung ist auch in λ und ϵ_K/ϵ_Z (Abb. 8) erkennbar.

Ab 03.00 UT läßt sich der zeitliche Verlauf der Zusatzzählraten von K und T durch

$$\Delta N_{T,I} \sim \exp(-\frac{t}{0,32 \text{ h}}) \, , \tag{8a}$$

der von Z durch

$$\Delta N_Z \sim \exp(-\frac{t}{0,07 \text{ h}}) \tag{8b}$$

beschreiben.

Während die Zählrate von T bis zum Ende des Fluges dieses Verhalten zeigte, trat in den Zählraten von K und Z ab 08.30 UT eine Abweichung von diesem Verlauf auf. Darauf kommen wir unten zurück.

γ, λ und ϵ_K/ϵ_Z nahmen nach 01.30 UT ebenfalls ab (Abb. 8): Das Spektrum schien flacher zu werden, die spezifische Ionisation nahm ab. Die Abnahme von λ weist auf die weitere Verringerung der Maximalenergie auf etwas über 100 MeV hin. Wegen der Dominanz der niedrigen Energien liegt nun ein merklicher Anteil des Energiespektrums zwischen den verschiedenen hohen Energieschwellen von Zählrohr und Teleskop (verschiedene Wandstärken! Tab. 5). Es ist daher verständlich, daß damit eine einfache Interpretation des Verhältnisses der Zählraten und damit von λ nicht mehr möglich ist.

Tabelle 5

Energieschwellen der Detektoren [*]

	Zählrohr	Ionisationskammer	Teleskop
Elektronen	200 keV	1,5 MeV	650 keV
Protonen	5 MeV	25 MeV	10 MeV
Photonen			600 keV

[*] für die effektiven Wandstärken angegeben (vgl. KEPPLER [36]).

3.2.

Der Sprung der Zählraten um 03.00 UT (Abb. 3) hat kein Pendant in anderen Messungen. Das deutet auf einen lokalen Effekt hin, den wir aber deshalb für reell halten, weil sich danach die Verhältnisse entschieden ändern. Besonders auffällig ist der Sprung in den Zählraten von T und K, der sich ganz klar vom Verlauf der Z-Zählrate unterscheidet.

3.27. Kern-Gamma-Strahlung

Der vom Satelliten Injun I gemessene Fluß energiearmer Protonen läßt vermuten, daß neben geladenen Teilchen auch Gammastrahlung zur Zählrate unserer Detektoren beigetragen hat. KEPPLER et al.[35] haben bereits auf diese Möglichkeit hingewiesen, die in einem anderen Falle schon früher von BROWN und D'ARCY [12] in Betracht gezogen wurde. BHAVSAR [9] hat dieses Problem im Anschluß an Arbeiten von COLGATE [16] und SINGER [58] für den Energiebereich $30 \leq E_p \leq 300$ MeV näher behandelt, während in jüngster Zeit HOFMANN und WINCKLER [31] den Bereich niedriger Protonenenergien untersuchten.

HOFMANN und WINCKLER [31] konnten zeigen, daß sich die Zahl der durch Protonen mit Primärenergien unter 15 MeV (mit Rücksicht auf den Injun-Meßbereich) in der Atmosphäre ausgelösten Gammaquanten (mit Energien bis zu einigen MeV) durch eine Beziehung

$$n_{\gamma 0} = C \cdot \int E_p^{\beta - \gamma} \, dE_p \qquad (9)$$

darstellen läßt, wo C eine Konstante, γ der Exponent des differentiellen Energiespektrums (Gl. (1)) der Protonen (Energie E_p) und β eine von den Autoren bestimmte Größe ist. ($\beta = 3,18$ für $E_p < 3$ MeV, $\beta = 1,92$ für $E_p > 3$ MeV.)

Aus $n_{\gamma 0}$, der praktisch in der atmosphärischen Tiefe x = 0 ausgelösten Zahl von Gammaquanten, kann man auf die in Ballonhöhe (x $\approx$ 10 g/cm^2) noch vorhandene Anzahl n_γ schließen und dafür nach KEPPLER [36] näherungsweise schreiben

$$n_\gamma = n_{\gamma 0} \, \mathcal{E}_1(\bar{\mu} x) \, , \qquad (10)$$

wo $\mathcal{E}_1(\bar{\mu} x)$ das Gold-Integral bedeutet und μ einen für den betrachteten Energiebereich gemittelten Absorptionskoeffizienten der Gammastrahlung.

Ist ε_D die Empfindlichkeit, G_D der Geometriefaktor des Detektors D, dann ergibt sich als Beitrag der Gamma-Strahlung zur Zählrate aus Gl. (10)

$$\Delta N_D = \varepsilon_D \, G_D \, n_{\gamma 0} \, \mathcal{E}_1(\bar{\mu} x) \, . \qquad (11)$$

3.28. Mit dem aus Messungen mit dem Satelliten Injun I bestimmten Protonen-Spektrum $f(E) dE = K \cdot E^{-2,8} dE$ (PIEPER et al. [54]) wollen wir nun den Photonenfluß zu verschiedenen Zeiten abschätzen, um zu überprüfen, wie weit sich in den Zählraten unserer Detektoren Kern-Gamma-Strahlung bemerkbar machen konnte.

Aus $f(E) dE = 1500$ Protonen/cm^{2}sek ster [54] ergibt sich $K = 5,68 \cdot 10^3$. Damit folgt aus Gl. (9) $n_{\gamma 0} = 2$ Photonen/cm^{2}sek ster (isotrop). In Ballonhöhe (x = 10 g/cm^2) kann man dann nach Gl. (10)

$$n_\gamma = 0,6 \text{ Photonen/cm}^2\text{sek ster}$$

erwarten, wenn man einen mittleren Absorptionskoeffizienten $\bar{\mu} = 0,02$ cm^2/g (entsprechend $E_{Phot} = 3$ MeV) zugrunde legt. Mit $\bar{\varepsilon}_Z = 4 \cdot 10^{-2}$ (Abb. 11) und $G_Z = 75$ cm^{2}ster (Abb. 5) ergibt sich dann ein Beitrag zur Zählrate des Zählrohres von

$$\Delta N_Z = 1,7 \text{ p/sek entspr. } 5\% \text{ der Zählrate}$$

und ebenso

$$\Delta N_K = 0,04 \text{ p/min entspr. } 1\%$$

und

$$\Delta N_T = 9 \text{ p/min entspr. } 2\%$$

für die Ionisationskammer und das Teleskop.

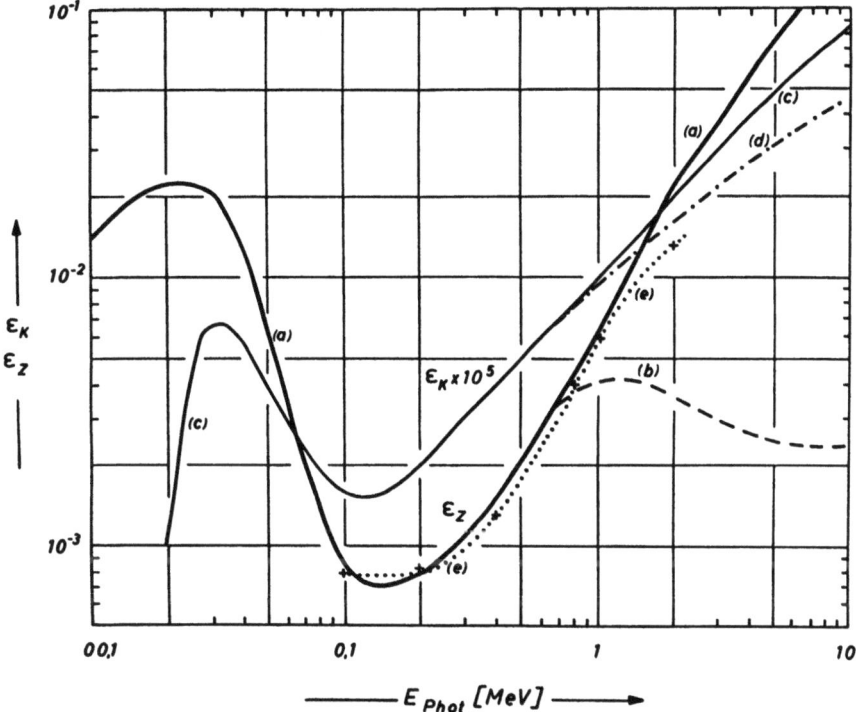

Abb. 11: Empfindlichkeiten ε von Zählrohr in Luft (a), Vakuum (b) und Ionisationskammer in Luft (c), Vakuum (d) für Röntgen- und Gammastrahlung in Abhängigkeit von der Quanten-Energie. Messungen von BRADT et al. [11] für Al-Zählrohre sind mit eingezeichnet (e) (nach KEPPLER [36]).

Diese Beiträge sind zunächst unmerklich. Mit zunehmendem Protonenfluß treten sie jedoch stärker hervor, und zwar am stärksten bei Z, schwächer bei K und T. Das erklärt auch das verschieden rasche Abklingen von Z einerseits (8 b) und T und K (8 a) andererseits. Das Ansteigen der Zählraten, um 01.30 UT bei K und T stärker ausgeprägt als bei Z, müssen wir demnach als Indikation des Protonenflußes mit relativ hohen Teilchenenergien deuten, der um 03.00 UT plötzlich verschwindet. K und T zeigen das sprunghafte Absinken der Zählraten stärker, Z schwächer, weil dieses einen ständig wachsenden Anteil an Photonen mißt. Genau dieser Vorgang ist auch im Verlauf $\varepsilon_K/\varepsilon_Z$ in Abb. 8 angedeutet.

Wenden wir die Abklingfunktion (8 a) auf Z an, gehen wir also davon aus, daß der Beitrag von Photonen zur Zählrate der beiden anderen Detektoren unerheblich bleibt (bis 08.30), so kann man aus der Zählrate des Zählrohres rückwärts auf den Fluß der energiearmen Protonen schließen. Um 08.30 gibt dies einen Photonenbeitrag zur Zählrate von 6 Pulse/sek; das entspricht einer Flußdichte der primären

3.2.

Protonen von rund 5300 Protonen/cm^2 sek ster. Dieser Wert ist vergleichbar mit der von HOFMANN und WINCKLER [31] zur gleichen Zeit gefundenen Flußdichte von rund 6000 Protonen/cm^2 sek ster.

3.29. Ab 08.30 UT (Abb. 3) zeigen die Zählraten von K und Z Abweichungen von dem vorher ausgeprägten Trend, diejenigen von T jedoch nicht. Die Differenz zwischen dem extrapolierten Verlauf und den wirklichen Zählraten nimmt mit der Zeit zu. Genau dasselbe Verhalten beobachtet man zur gleichen Zeit im Flug M 308 über Fort Churchill. Der Nettoeffekt ist dort tatsächlich kleiner als augenscheinlich, weil noch ein Einfluß abnehmender Absorberdicke infolge eines Wiederansteigens des Ballons überlagert ist (Tab. 4).

Wir müssen diese Abweichung als einen neuen, zu dem bisher Beobachteten hinzutretenden Effekt interpretieren. Berechnet man ϵ_K/ϵ_Z aus $\Delta N_K/\Delta N_Z$ unter der Annahme, es handle sich um eine isotrop einfallende Strahlung, so findet man zwischen 08.30 und 11.00 UT dafür den bemerkenswert konstanten Wert $\epsilon_K/\epsilon_Z = 1,9 \cdot 10^{-5}$. Protonen kommen als Ursache dafür wegen des negativen Befundes am Teleskop nicht in Betracht. Es muß sich also um eine Photonenstrahlung handeln. Dem Wert von ϵ_K/ϵ_Z entsprechen nach Abb. 12 Photonenenergien von 105 oder 700 keV.

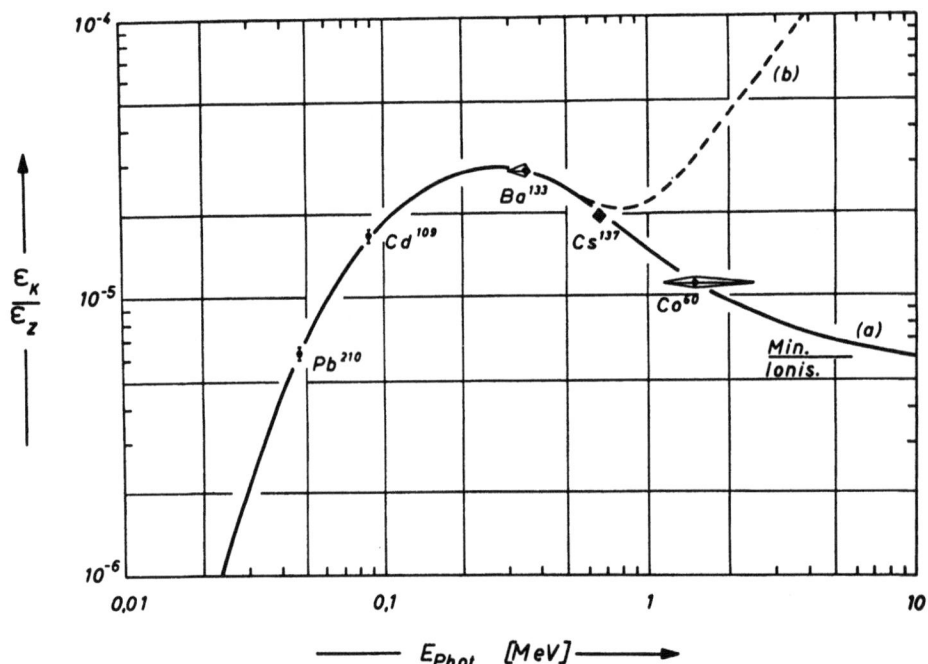

Abb. 12.: Verhältnis der Empfindlichkeiten von Ionisationskammer (ϵ_K) und Zählrohr (ϵ_Z) für Photonen in Abhängigkeit von deren Energie. Die ausgezogene Kurve wurde berechnet. Gemessene Werte mit verschiedenen Präparaten sind mit eingetragen (nach KEPPLER [36]).

Ist der erste Wert zutreffend, so konnte T keine Zusatzstrahlung registrieren (Tab. 5). Wäre der zweite richtig, so hätte T Zusatzstrahlung registrieren müssen. Die entsprechenden 30 Photonen/cm^2 sek ster würden am T eine zusätzliche Zählrate von etwa 27 Koinzidenzen/min bewirkt haben.

Glättet man nun die T-Zählrate durch überlappende Mittelung, so müßte sich diese zusätzliche Zählrate als merkliche Abweichung vom exponentiellen Abfall ausweisen. Dies ist jedoch nicht festzustellen.

Wir können daher die Zusatzstrahlung als Röntgenstrahlung mit einer mittleren Energie von rund 100 keV ansprechen. Ihre isotrope Flußdichte ergibt sich dann um 11.00 UT zu 80 Photonen/cm^2 sek ster. Wir nennen diesen Effekt kurz den "Vorläufer" des sc-Effektes.

3.210. Wir fassen zusammen:

a) Zwei Stunden nach der Eruption am 12. 7. wurden über Fort Churchill die ersten solaren Protonen mit E > 80 MeV nachgewiesen. Energiearme Protonen ($1 \leq E \leq 15$ MeV) waren ab 17.17 UT mit Satelliten nachweisbar. Der Fluß der energiearmen Teilchen nahm mit der Zeit zu, während der höherenergetische Anteil zur selben Zeit ebenso wie die maximale vorkommende Energie abnahmen.

b) Das Energiespektrum der Teilchen mit höheren Energien wurde immer steiler und erreichte gegen 01.30 UT einen Wert von $\gamma = 6,1$. Bei niederen Energien verlief das Spektrum wesentlich flacher ($\gamma = 2,7 \ldots 2,8$).

c) In den Morgenstunden des 13. 7. hatte der Fluß energiearmer Protonen (E < 40 MeV) soweit zugenommen, daß in Kernprozessen ausgelöste Gamma-Strahlung einen merklichen Beitrag zu den Zählraten des Szintillationszählers in M 307 (Fort Churchill) und unseres Zählrohres (Kiruna) liefern konnte. Es ist möglich, diesen Beitrag von dem der Protonen zu separieren und daraus auf den Fluß der energiearmen Protonen zu schließen. Der so errechnete Fluß stimmt mit dem vom Satelliten gemessenen gut überein.

d) Um 03.00 UT nahm der Protonenfluß mit E > 100 MeV über Kiruna abrupt ab.

e) Von 08.30 UT an wurde ein mit der Zeit zunehmender Röntgenstrahlungsfluß mit einer mittleren Photonenenergie um 100 keV meßbar, den wir als Vorläufer des sc-Effektes bezeichnet haben.

Im Folgenden wollen wir nun versuchen, die Ergebnisse dieser Analyse im Rahmen neuerer Vorstellungen über die Vorgänge im interplanetaren Raum zu interpretieren. Das wird in 3.212. und 3.214. geschehen. Zuvor sollen in 3.211. die Grundvorstellungen über die Struktur und die Dynamik des interplanetaren Raumes näher erläutert werden.

3.211. Modell des interplanetaren Raumes

MCCRACKEN [42] hat vor einiger Zeit das Beobachtungsmaterial einer Reihe von solar-flare-effekten mit theoretischen Modellen des interplanetaren Raumes verglichen. Er fand gute Übereinstimmung zwischen Theorie und Experiment für die von PARKER [47, 50] und GOLD [27] entwickelten Modelle, die in jüngster Zeit auch durch Satellitenmessungen (Explorer X [29], Mariner II [59]) in einigen Punkten bestätigt wurden.

Das von MCCRACKEN [42] vorgeschlagene Modell weist die folgenden, für die Deutung unserer Messungen relevanten Züge auf:

a) Solares Plasma strömt in den interplanetaren Raum ab (solarer Wind). Möglicherweise stammt es aus begrenzten Corona-Bereichen mit abnorm hoher Temperatur [59], die vielleicht identisch sind mit den von BARTELS [6] postulierten M-Zentren.

b) Die Energiedichte des Plasmas ist größer als die des interplanetaren Magnetfeldes; das interplanetare Feld ist im hydromagnetischen Sinn "eingefroren".

c) Hydromagnetische Stoßwellen-Phänomene sind charakteristisch für den Zustand des interplanetaren Raumes (Geschwindigkeit der Plasma-Wolken größer als die Alfvéngeschwindigkeit).

3.2.

d)   Eine Spiralen-Struktur des Magnetfeldes mit der Sonne als Zentrum ist wahrscheinlich fast immer ausgeprägt (Abb. 13 a).

e)   Nach einer solaren Eruption wird eine Plasma-Wolke mit höherer Geschwindigkeit (im Mittel 1000 bis 1500 km/sek) von der Sonne abgestoßen. Vor dieser Wolke kommt es zur Ausbildung einer sich u. U. mit noch größerer Geschwindigkeit ausbreitenden Stoßfront. (Solarer Wind an ruhigen Tagen: 300-700 km/sek.)

f)   Die in der Wolke "eingefrorenen" Magnetfelder schirmen die galaktische kosmische Strahlung im Inneren der Wolke ab (Forbush-Effekt).

Die Spiral-Struktur scheint auf Grund der Beobachtungen eine notwendige Forderung an das Modell zu sein:

Einerseits findet man nach Eruptionen nahe dem westlichen Rand der Sonne kurze Flugzeiten der Teilchen, anisotropen Einfall aus einer Richtung westlich des westlichen Sonnenrandes und rasche Intensitätszunahme der solaren Strahlung. Andererseits sind die Flugzeiten von solaren Protonen mit nicht zu hohen Energien nach Eruptionen nahe der Mitte oder im Osten der Sonne gegenüber den vom Sonnen-Westrand emittierten typisch verlängert; die auf der Erde gemessenen Intensitätszunahmen erstrecken sich über Stunden hin und zeigen nur schwache Anisotropien. Dieser Sachverhalt läßt sich einfach erklären, wenn man annimmt, daß zwischen dem Westrand der Sonne und der Erde ein Führungsfeld existiert, das beide verbindet, zwischen Sonnenmitte und Erde aber nicht.

Satellitenmessungen (Explorer X [10, 29], Mariner II [59]) und Untersuchungen von Asymmetrien in Forbush-Effekten [40] legen unabhängig davon die gleichen Schlußfolgerungen nahe.

Theoretisch muß man eine Spiral-Struktur durch die Rotation der Sonne erklären und annehmen, daß das interplanetare Feld in der Sonne wurzelt und von der Sonne sozusagen "mitgenommen" wird.

3.212.   Interpretation der Messungen

Abb. 13 b soll im Rahmen des oben skizzierten Modells die Verhältnisse nach der Eruption am 11. 7. beschreiben. Die unmittelbar nach der Eruption auf der Erde gemessenen Teilchen konnten
entweder
   durch Diffusion quer zu den Feldlinien zur Erde gelangen
und/oder
   direkt längs der Feldlinien, wenn die Teilchen-Emission in einem so großen Raumwinkelbereich
   erfolgte, so daß die Teilchen zu einer Sonne und Erde direkt verbindenden Feldlinie gelangen
   konnten.

Die inhomogene Struktur des Quasi-Radialfeldes mit typischen Dimensionen von 0,01 AE wird in Abb. 13 durch Kräuselung der Feldlinien angedeutet.

Die Eruption am 12. 7. erfolgte in ein bereits ausgebildetes, verstärktes, nahezu radiales Feld (Abb. 13 c). Die in der Eruption beschleunigten Teilchen ((1) in Abb. 13 c) mußten auf ihrem Weg zur Erde die Plasmawolke vom 11. 7. durchqueren und fanden vor dieser noch die Bedingungen vor, die auf die mehr stetige Strömung des solaren Windes im interplanetaren Raum zurückzuführen sind.

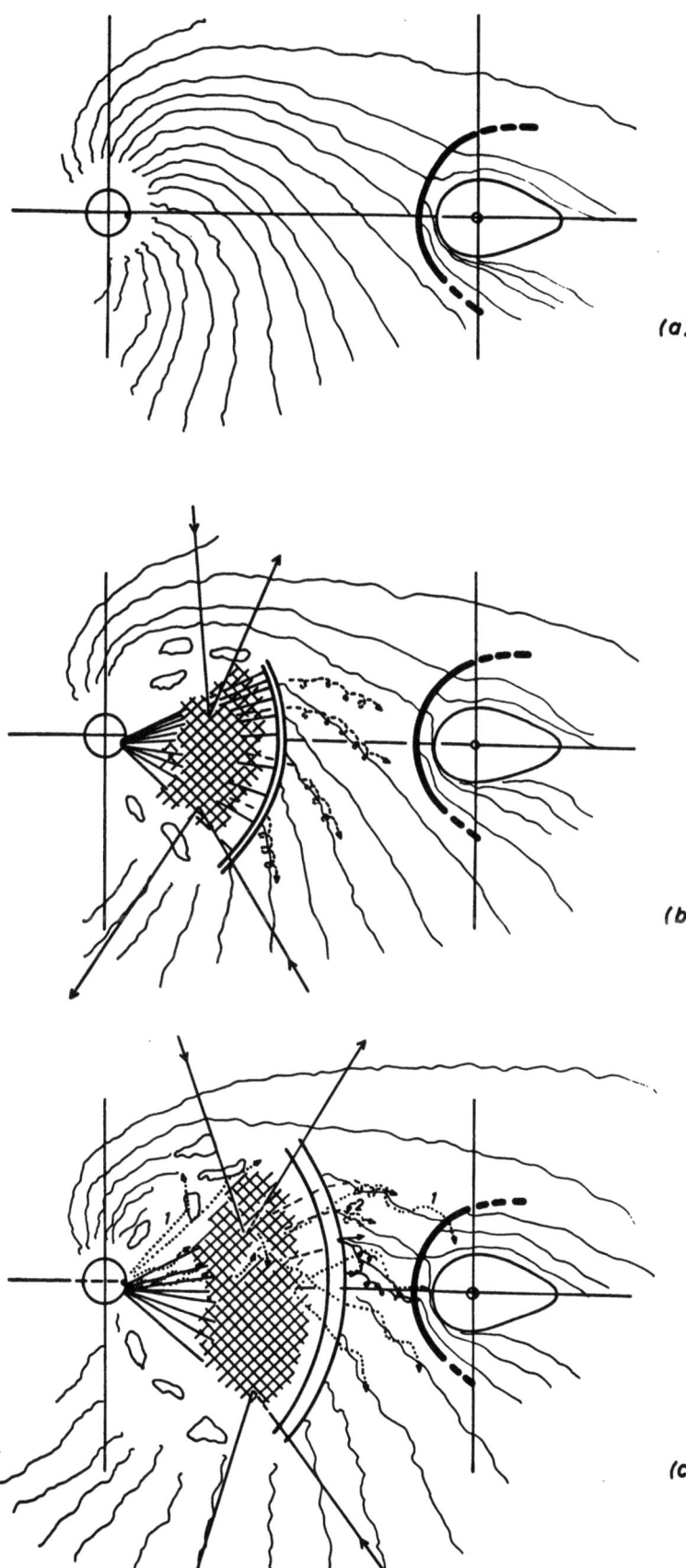

Abb. 13: Modell zur Struktur des interplanetaren Raumes vor dem 11. 7. (a), nach dem Flare am 11. 7. (b), und während des Flare am 12. 7. 1961 (c). Die Zahlen in (c) bezeichnen die Art der Teilchen: 1) relativ energiereiche Protonen, die am 12. 7. beschleunigt und von der Plasmawolke (schraffiertes Gebiet) nicht wesentlich beeinflußt wurden; 2) Teilchen, die in der Wolke vorübergehend eingefangen waren und nach Expansion aus der Wolke entweichen konnten; 3) zwischen den hydromagnetischen Stoßfronten vor der Erde und vor der Wolke (ausgezogene Bögen) beschleunigte Protonen und Elektronen (vgl. Text).

3.2.

In der Wolke konnten die Teilchen gestreut, vielleicht auch zeitweilig gespeichert werden und so schließlich in die Nähe der Feldlinien gelangen, längs deren sie dann direkt zur Erde geführt wurden. Der zeitliche Verlauf der Intensitätsänderung wird durch den in 3.12. diskutierten Diffusionsprozeß beschrieben.

Wir wollen einmal annehmen, das "eingefrorene" Magnetfeld (Abb. 13 c) sei groß genug gewesen, um 150 MeV Protonen noch merklich abzulenken, aber zu schwach, um solche mit höheren Energien noch merklich zu beeinflussen. Energiereiche Teilchen konnten also nahezu ungestört weiterlaufen, energieärmere aus der Wolke nach und nach herausgelangen (energieabhängiges D in 3.214.). Ein ursprünglich steiles Energiespektrum wäre also einem Beobachter vor der Plasmawolke abgeflacht erschienen.

Die Annahme einer solchen "Barriere" für energiearme Teilchen, die für Protonen mit höheren Energien nicht mehr wirksam sein soll, wird nahegelegt durch den Vergleich der Intensitäts-Zunahme der Detektoren nach den Eruptionen am 11. und 12. 7. Der diskutierte Diffusions-Prozeß führt in beiden Fällen auf $L \approx 0,01$ AE. Für die nachgewiesenen Protonen ($E_p > 100$ bzw. > 80 MeV) müssen demnach die Ausbreitungsbedingungen im interplanetaren Raum unverändert geblieben sein, obwohl die am 12. 7. beschleunigten Teilchen die Plasmawolke, die am 11. 7. ausgestoßen wurde, zu durchqueren hatten.

Mit zunehmender Entfernung von der Sonne wird die Plasmawolke expandieren, die Energiedichte des eingefrorenen Feldes und die Energieschwelle für eingefangene Teilchen sich vermindern, so daß energieärmere Teilchen in zunehmendem Maße ((2) in Abb. 13 c) entweichen können. Ein Beobachter vor der Wolke wird also nach einiger Zeit (t_{max} in Gl. (5)) einen wachsenden Fluß energiearmer, aber einen abnehmenden Fluß energiereicher Teilchen, d. h. oberhalb einer mehr oder weniger ausgeprägten Energieschwelle ein immer steiler werdendes Energiespektrum wahrnehmen (3.22., 3.23.). Da das Feld mit der Zeit immer schwächer wird, hat jedes Teilchen eine mit der Zeit wachsende Chance, herauszukommen.

Das wurde aber gerade beobachtet, so daß sich in diesem Modell die Messungen widerspruchsfrei interpretieren lassen.

3.213. Wir müssen noch auf einen weiteren Punkt eingehen. Wie wir sahen, war auch über Kiruna in den Morgenstunden des 13. 7. ein wachsender Photonenfluß nachweisbar, der die Anwesenheit energiearmer Protonen (einige MeV Energie) über dem Meßort voraussetzt. Das bedeutet aber, daß der geomagnetische

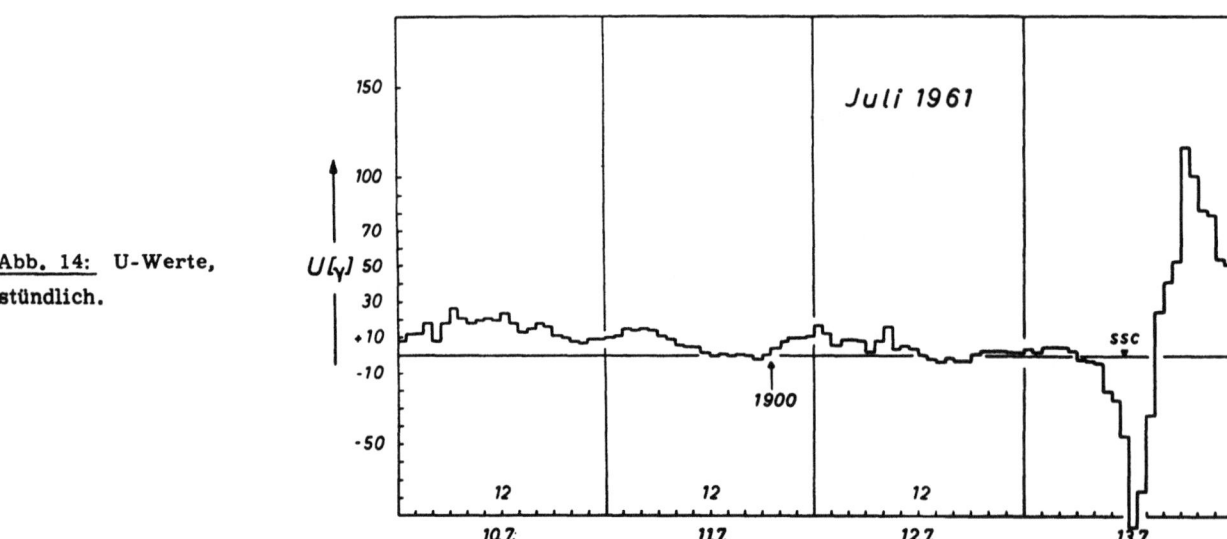

Abb. 14: U-Werte, stündlich.

cut off bereits nach 00.00 UT am 13. 7., also 11 Stunden vor dem Beginn des magnetischen Sturms, auf einen Bruchteil seines normalen Wertes herabgesetzt war, zu einer Zeit, als Kp zwischen 0^+ und 1^- variierte! (Abb. 2).

Dies könnte man verstehen, wenn man eine Erhöhung des äquatorialen Ringstromes weit über den normalen Wert annimmt. Eine Erhöhung des Ringstromes - über dessen Lage und Ausdehnung Endgültiges noch nicht gesagt werden kann - bewirkt theoretisch eine Schwächung des Magnetfeldes zwischen Erde und Ringstromsystem. Dieser Schwächung entspricht eine Verringerung des geomagnetischen cut off für geladene Teilchen, die dann in niedrigere geomagnetische Breiten als sonst vordringen können.

Wir haben zur Überprüfung dieser Hypothese das von KERTZ [37] für die Stärke des äquatorialen Ringstromes eingeführte U-Maß für Juli 1961 berechnet. Abb. 14 zeigt die so gewonnenen Stundenmittelwerte. Aus Abb. 14 entnimmt man, daß U bis zum 13. 7., 06.00 UT, etwa konstant blieb, danach aber deutlich negativ wurde (U = - 95 Gamma für 12.00 - 13.00 UT) und praktisch erst mit Einsatz der positiven Phase des magnetischen Sturmes große positive Werte erreichte. Das ist ein unerwartetes Ergebnis.

Auf der anderen Seite haben LIN und VAN ALLEN [38] aus Messungen mit dem Satelliten Explorer VII folgenden Zusammenhang zwischen U Gamma und L_{min} [1]), dem von MCILWAIN [44] eingeführten L-Parameter, abgeleitet (für 30 MeV Protonen)

$$L_{min} = 5,81 - 0,0134 \, U. \qquad (12)$$

Negativem U entspricht demnach eine Vergrößerung von L_{min}. Ist durch U = O ein Ringstrom bestimmter Stärke definiert, so bedeutet U < O eine Abnahme der Ringstromstärke.

---

[1]) L entspricht der mittleren geozentrischen Distanz, in Vielfachen des Erdradius gemessen, in der eine magnetische Schale die geomagnetische Äquatorebene schneidet. Als magnetische Schale bezeichnet man eine Oberfläche, die von einer Schar geomagnetischer Kraftlinien so aufgespannt wird, daß sie die Führungszentren geladener Teilchen enthält, die im Magnetfeld der Erde periodische Bahnen beschreiben und gewissen Randbedingungen genügen. Da zwischen der geomagnetischen Breite Λ_m, in der eine magnetische Schale die Erdoberfläche schneidet, und L die Beziehung $\cos^2 \Lambda_m = 1/L$ gilt, entspricht der kleinsten geomagnetischen Breite Λ_{min}, bis zu der z. B. 30 MeV Protonen noch vordringen können (cut off) eine durch $L_{min} = 1/\cos^2 \Lambda_{(min)}$ bestimmte magnetische Schale. Z. B. bedeutet eine Vergrößerung von L_{min}, daß Teilchen dieser Energie nicht mehr so tief ins Erdmagnetfeld eindringen, also nur noch in höheren Breiten als vorher nachgewiesen werden können und umgekehrt.

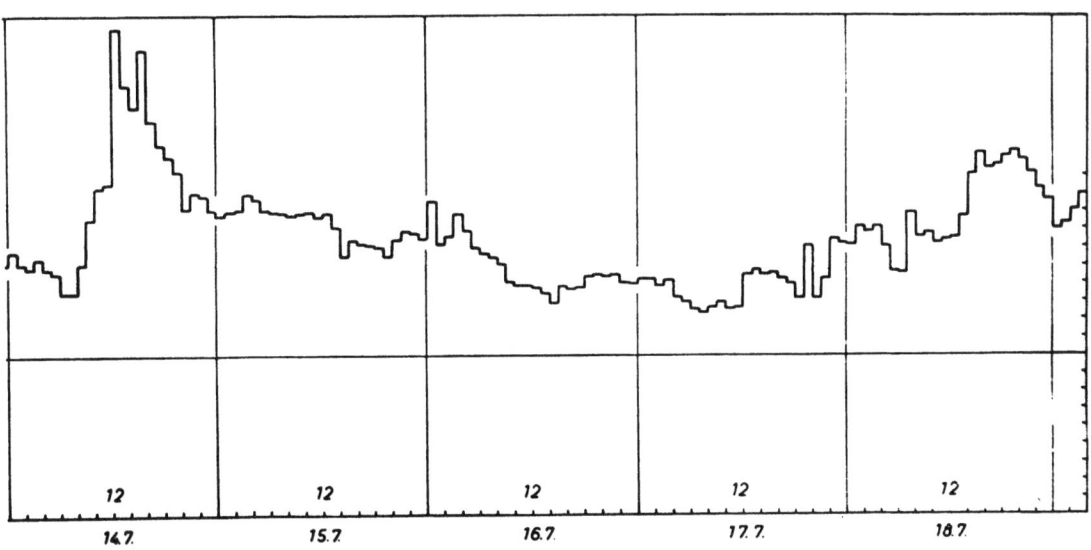

Tatsächlich wurde aber gleichzeitig eine Verringerung von L_{min} und $U < 0$ beobachtet. Zur Lösung dieser Diskrepanz könnte man an den Effekt einer Kompression der Cavity [1]) im Sinne der Diskussion von AKASOFU et al. [1] denken.

Da wir aber zur Zeit nicht in der Lage sind, diese Diskrepanz befriedigend aufzuklären, müssen wir uns vorläufig auf ihre Feststellung beschränken.

3.3. Der sc-Effekt [2])

Kurz nach 11.13 UT, im Augenblick des (weltweiten) "sudden commencement" (sc) des geomagnetischen Sturmes vom 13. 7., stiegen die Zählraten der Detektoren steil an und zwar gleichzeitig über Kiruna und Fort Churchill (Abb. 3, Abb. 15).

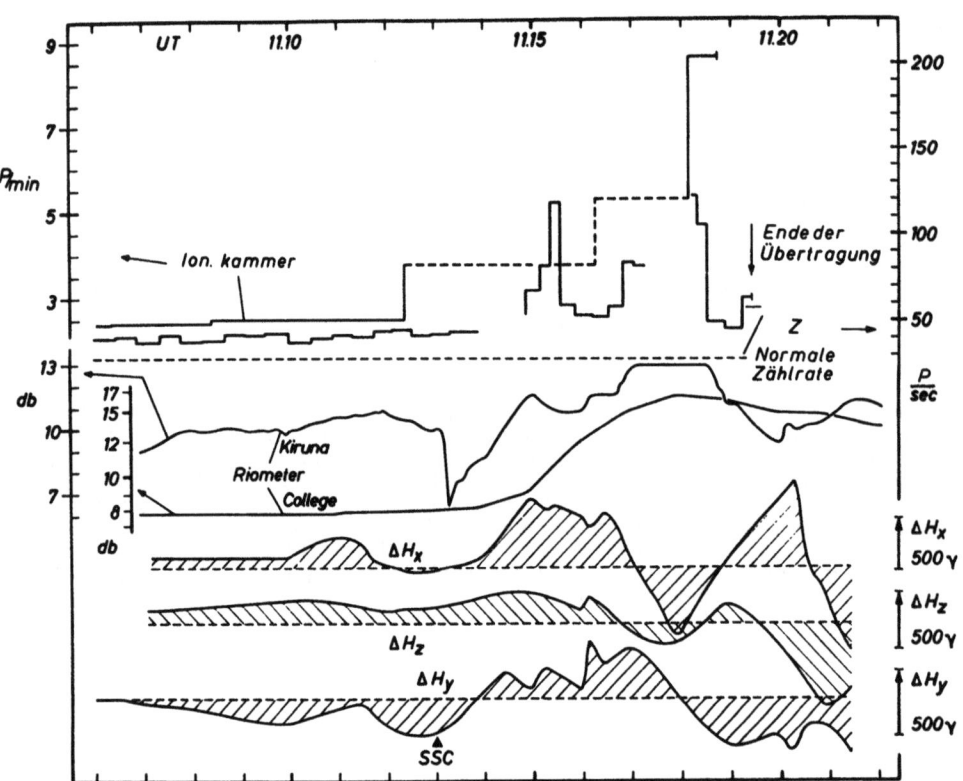

Abb. 15: sc-Effekt. Vergrößerte Wiedergabe der letzten Minuten des Fluges Sk 22.

Wir beobachteten über Kiruna zwischen 11.13 und 11.15 UT einen ersten Anstieg, dem zwei weitere um 11.17 und 11.19 UT folgten. Der zweite dauerte etwa eine Minute; beim dritten war nur der Einsatz angezeigt, dann endete die Übertragung (Abb. 15).

KEPPLER et al. [34] haben die Beobachtungen ausführlicher beschrieben; wir können uns hier damit begnügen, die wesentlichen Punkte zu betonen.

---

[1]) Für die Beschreibung des sozusagen aus dem Strömungsfeld des solaren Windes durch die Erde und ihr Magnetfeld ausgesparten "Hohlraumes" hat sich in letzter Zeit der Terminus "Cavity" eingebürgert, den wir im Folgenden beibehalten wollen.

[2]) Definitionen: sc-Effekt: Im Augenblick des sc in Ballonhöhe beobachteter Röntgenstrahlungsausbruch, auf Riometerregistrierungen durch eine Absorptionsspitze im Augenblick des sc angezeigt.
Vorläufer: Ein vor dem sc beobachtbarer stetig wachsender Fluß von Röntgenstrahlung.
Pre-sc-Effekt: Die Gesamtheit aller anderen, vor dem sc beobachteten Phänomene, die mit dem sc in einem gewissen Zusammenhang zu stehen scheinen.

3.31. Ballonmessungen

Aus den Beobachtungen über Fort Churchill geht hervor, daß der Zählratenanstieg durch Röntgenstrahlung ausgelöst wurde (kein Effekt bei T; unsere Teleskopregistrierung war zu der Zeit bereits nicht mehr auswertbar). Obwohl wegen des hohen Rauschpegels in den letzten Minuten der Funkübertragung nur Mittelwerte der Ionisationskammer-Zählraten gebildet werden konnten, ist doch der Schluß möglich, daß die dem Wert von $\varepsilon_K/\varepsilon_Z$ entsprechende Photonenenergie um 100 keV, eher sogar darüber lag. Sie lag damit in der gleichen Größenordnung wie die Energie der ab 08.30 UT gemessenen Röntgenstrahlung (3.29.). Beide unterscheiden sich einmal hinsichtlich der Energie und zum anderen durch das <u>gleichzeitige</u> Auftreten über Kiruna und Fort Churchill von typischen Röntgenstrahlungsausbrüchen in der Nordlichtzone (Energien deutlich unter 100 keV [34, 52]).

Für den ersten Impuls (Abb. 15) können wir aus der Z-Messung ($\Delta N = 70$ p/sek) auf $7,5 \cdot 10^3$ Photonen cm^{-2} sek^{-1} am Meßort schließen. Mit Hilfe von Abb. 16 (KEPPLER [36]) kann man dies auf primäre Elektronen reduzieren und findet dafür 10^{10} Elektronen cm^{-2} sek^{-1} mit einer mittleren Energie von 800 keV, wenn man davon ausgeht, daß es sich um Elektronenbremsstrahlung handelt. HOFMANN und WINCKLER [31] schließen aus ihren Messungen auf dieselbe Größenordnung.

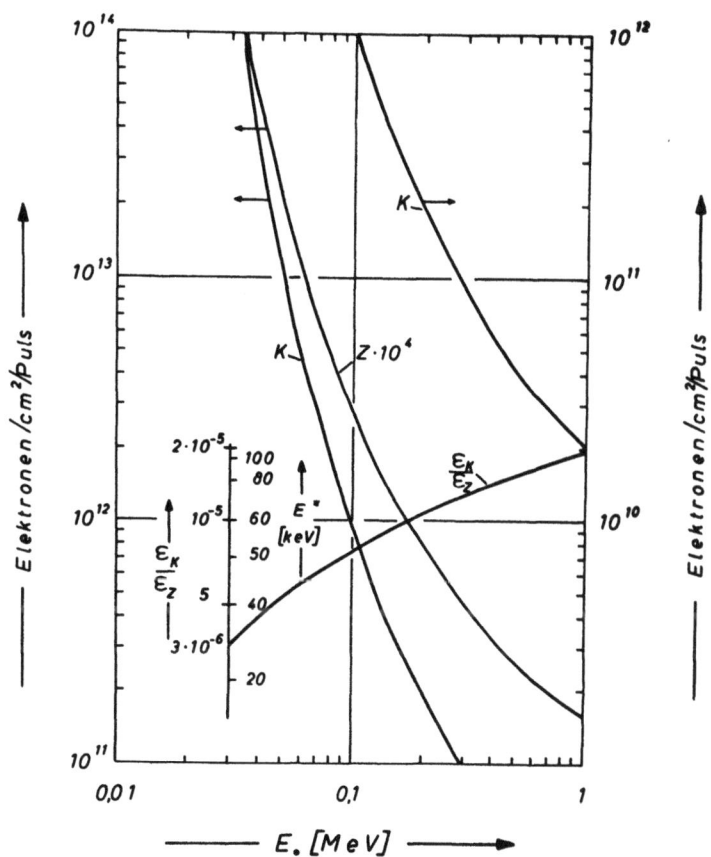

Abb. 16: Zur Abschätzung des primären Elektronenflusses, wenn in Ballonhöhe Röntgenbremsstrahlung nachgewiesen wird, unter der Voraussetzung monoenergetischer Elektronen der Energie E_0. Mit eingezeichnet ist das Verhältnis der Empfindlichkeiten $\varepsilon_K/\varepsilon_Z$ von Ionisationskammer und Zählrohr mit der aus Abb. 7. abgelesenen äquivalenten mittleren Energie E (nach KEPPLER [36]).

3.32. Riometer- und Satelliten-Messungen

Das Riometer in Kiruna (ab 07.00 UT wieder in Betrieb) zeigte von 07.00 bis 08.30 UT einen ziemlich konstanten Absorptionspegel von 4 dB an. Ab 08.30 UT nahm die Absorption zu und erreichte 7 dB kurz vor dem sc, ehe sie dann im Augenblick des sc nach der erwähnten kurzzeitigen Abnahme steil anstieg (Abb. 17).

Dem Absorptionsverlauf der Riometerregistrierung in College war zu dieser Zeit der Nachteffekt [32] überlagert, so daß die Verhältnisse nicht so leicht zu überschauen sind.

AXFORD und REID [5] haben ähnliche Absorptions-Zunahmen vor den sc's am 11.2.58, 8.5.60 und 30.9.61 zwischen 20 und 60 Minuten vor dem sc bemerkt ("Pre-sc-Effekt"). SANDFORD [56] diskutierte optische Beobachtungen der (von Protonen angeregten) "Polar Glow Aurora" (vgl. STÖRMER[62]) und fand ebenfalls einen "Pre-sc-Effekt".

3.3.

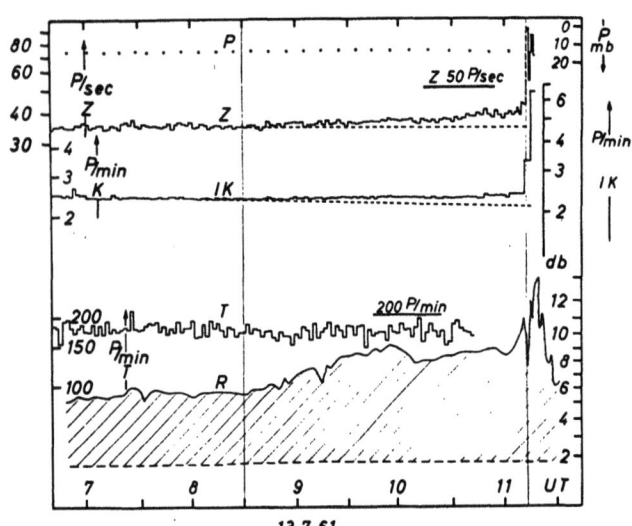

Abb. 17: sc-Effekt und "Vorläufer": Zählraten von Sk 22.

Während des sc am 27. 3. 1961 befand sich Explorer X vermutlich außerhalb der "Cavity" des Erdmagnetfeldes [10]. Plasma-Messungen zeigten etwa zwei Stunden vor dem sc eine von da an ständig wachsende "Pre-sc-Strömung" geladener Teilchen (Max: $2 \cdot 10^8$ $cm^{-2} sek^{-1}$) im Energiebereich 0 .... 2,3 keV, wahrscheinlich auch noch darüber.

Explorer XII, der sich am 30. 9. 61 im Augenblick eines sc auf dem Rückweg zur Erde in 11,9 Erdradien (R_e) Entfernung nahe der Erde-Sonne-Linie klar außerhalb der Magnetosphäre befand, registrierte bereits 90 Minuten vor dem sc eine Zunahme der Protonenintensität im Energiebereich E < 200 MeV [13] (steiles Energiespektrum). Elektronen im Energiebereich 10 ... 35 keV wurden zum erstenmal 10 Minuten vor dem sc nachgewiesen [30]. Deren Anzahl nahm zu und kulminierte eine Minute vor dem sc zu $3 \cdot 10^6$ $cm^{-2} sek^{-1} ster^{-1}$. Im Augenblick des sc verschwand der Elektronenfluß sprungartig fast vollständig; der Protonenfluß nahm gleichzeitig um Größenordnungen ab.

FREEMAN et al. [25] fanden etwa 4 Stunden vor dem sc am 13. 9. 61 mit Explorer XII außerhalb der Magnetosphäre eine ständig wachsende Zahl von Elektronen im Energiebereich 1 ... 10 keV, die ihr Maximum mit dem sc erreichte (Max: 10^{10} (Elektronen/$cm^2 sek^{-1}$)).

Injun I -Messungen am 13. 7. und am 18. 7. 61 bestätigten [41, 54], daß die vom Riometer angezeigte Absorption des kosmischen Radiorauschens ziemlich genau den Schwankungen der von Satelliten gemessenen Intensität der primären Protonen folgt. Die gemessene Absorption in dB ist theoretisch [5] proportional zur Quadratwurzel aus dem Protonenfluß. Der Effekt am 30. 9. bestätigte dies erneut. Bemerkenswert ist, daß die Zunahme des Protonenflusses bei der Satellitenmessung am 30. 9. 30 Minuten eher einsetzte als der "Pre-sc-Effekt" in der Riometerregistrierung: Das Riometer "bemerkt" den Effekt erst, wenn die primäre Flußdichte genügend groß geworden ist (einige 10^2 Protonen $cm^{-2} sek^{-1}$).

AXFORD und REID [5] stellten beim Vergleich von Riometerregistrierungen, die in verschiedenen Breiten gewonnen wurden fest, daß der "Pre-sc-Effekt" in hohen Breiten ($\varphi_m > 70°$) praktisch nicht zu finden ist. Die Autoren schrieben dies einer Beschränkung des Einfalls geladener Teilchen auf bestimmte Trefferzonen zu. Wir kommen darauf unten zurück.

In niederen Breiten ($\varphi_m < 55°$) tritt der Effekt ebenfalls nicht ein. Hingegen ist ein sc-Effekt in den Registrierungen aller Stationen zwischen 56° (Ottawa) und 68° (Churchill) vorhanden. Das erhärtet eine schon früher von ORTNER et al. [46] ausgesprochene Vermutung.

Da die CNA in Kiruna während der Nacht von ihrem höheren Wert nach dem Flare am 12. 7. langsam abnahm, erklären wir den konstanten Absorptionspegel bis 08.30 UT durch die Überlagerung des Abklingens der von ca. 100 MeV Protonen in tieferen Schichten der Atmosphäre erzeugten Ionisation (ca. 60 km; dieser Bereich trägt zur Gesamtabsorption bei 27,0 MHz Meßfrequenz stärker bei als darunter oder darüber liegende Schichten [39]) mit der Ionisation, die durch die niederenergetischen Protonen in größeren Höhen erzeugt wurde. Es kann also sein, daß die ab 08.30 UT erkennbare Zunahme der Absorption zufällig zu dieser Zeit erfolgte.

3.33. Der "Vorläufer" des sc-Effektes

Der von uns in 3.29.postulierte weitere, "Vorläufer" genannte Effekt dürfte zur Riometerabsorption wenig beigetragen haben. Daß die beobachtete Röntgenstrahlung durch Protonen erzeugt wurde, halten wir für unwahrscheinlich: Protonen-Bremsstrahlung scheidet wegen der erforderlichen hohen Flüsse aus; Kern-Gammastrahlung läge bei höheren Energien, Vernichtungsstrahlung von Positron-Elektron-Paaren (β^+-Zerfall nach Kern-Anregung) machte einen sehr hohen Protonen-Fluß erforderlich, der nicht beobachtet wurde (Injun-Messung). Die Energien von Elektronen, die durch Ionisation erzeugt wurden, sind zu niedrig, um 100 keV Bremsstrahlung zu erklären.

Wir müssen also schließen, daß die beobachtete Röntgenstrahlung von energiereichen Elektronen stammt.

3.34. Eine der unserigen ähnliche Beobachtung hat ANDERSON [2] beschrieben. Am 28. 8. 1957 ereignete sich um 09.13 UT ein Flare 3^+. Am 29. 8. erreichte ein Ballon über Fort Churchill um 14.20 UT 8 g/cm^2. Zwischen 14.30 und 18.00 UT beobachtete ANDERSON eine stetige geringe Zunahme von Zählrohr- und Ionisationskammer-Zählraten (insgesamt etwa um 4 %). Im Augenblick des sc um 19.09 UT zeigten Zählrohr und Ionisationskammer den sc-Effekt an, einen Impuls von ca. 5 Minuten Dauer. Das Teleskop zeigte weder vorher noch nachher eine signifikante Änderung; die von den Detektoren angezeigte Energie der beobachteten Röntgenstrahlung lag bei 100 - 110 keV. Interpretieren wir den Anstieg der Zählraten (beginnend ca. 5 Stunden vor dem sc) ebenfalls als Röntgenstrahlung, so ergibt sich auch dafür eine Energie von etwa 110 keV! Der von ANDERSON beobachtete sc-Effekt zeigt also, so interpretiert, ebenfalls den Vorläufer und erweist sich somit im wesentlichen ähnlich zu dem von uns beobachteten. Lediglich die Intensität war um einen Faktor zehn geringer.

Das alles spricht dafür, daß wir in diesem Vorläufer eine unmittelbar mit dem Mechanismus des sc verknüpfte Erscheinung vor uns haben.

3.35. Modell des sc-Effektes

In 3.211. wurde ein Modell des interplanetaren Raumes skizziert, das die Ausbreitung der solaren Protonen erklärt. Dieses ist nun so zu ergänzen, daß es auch den Übergangsbereich zwischen interplanetarem Raum und Magnetosphäre erfaßt.

Wir erwarten von dem so modifizierten Modell neben anderem eine Erklärung der magnetischen Stürme und insbesondere des sudden commencement.

Diesen Anforderungen wird, wie vor kurzem FRANK, VAN ALLEN und MACAGNO [24] eingehend begründet haben, ein von AXFORD (vgl. Zitat [4]) diskutiertes Modell weitgehend gerecht. Zu seinen Gunsten sprechen eine Reihe von theoretischen Untersuchungen (z. B. KELLOG [33], SPREITER und JONES [61]).

3.36. AXFORD geht davon aus, daß das Erdmagnetfeld im Strömungsfeld des solaren Windes als eine Art Hohlraum (Cavity) von Tropfenform aufgefaßt werden kann: Der anströmende solare Wind komprimiert das Erdmagnetfeld auf der Tagseite (10 R_e [14]) und zerrt es auf der Nachtseite bis zu einer Entfernung von etwa 20 R_e oder mehr hinaus. Die Form der Cavity ist stark abhängig von der Strömungsgeschwindigkeit und der Intensität des solaren Windes. Da der solare Wind mit "Überschallgeschwindigkeit" weht, kommt es nach AXFORD auf der Tagseite der Erde außerhalb der Cavity zur Ausbildung einer stehenden hydromagnetischen Stoßfront (etwa 4 Erdradien vor der Cavity [24]). Zwischen dieser und der Begrenzung existiert ein ungeordnetes Feld (Abb. 18).

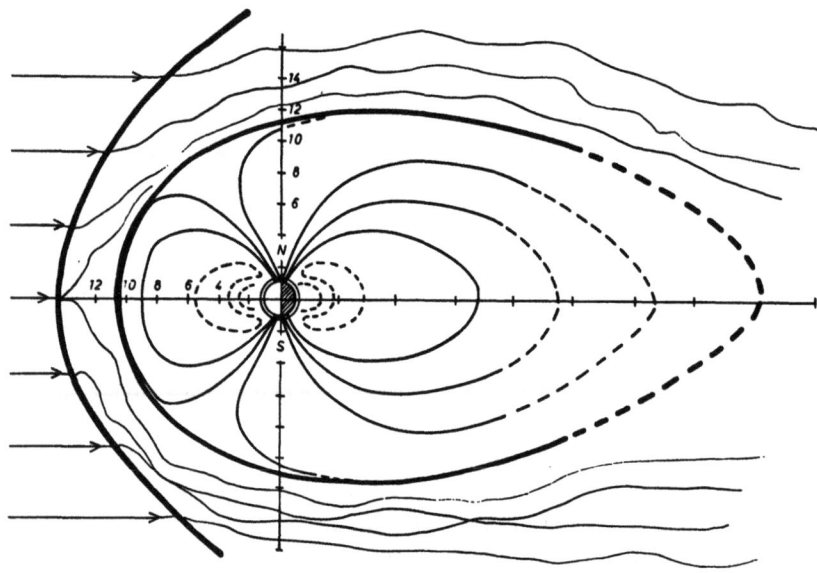

Abb. 18: Die Magnetosphäre im solaren Wind; der Begrenzung des Erdmagnetfeldes ist eine stehende hydromagnetische Stoßfront vorgelagert (nach AXFORD [4]).

3.37. Man nimmt heute allgemein an, daß das Sudden Commencement eines geomagnetischen Sturms hervorgerufen wird durch den Stoß einer mit "Überschallgeschwindigkeit" (d. h. mit einer größeren als der Alfvén-Geschwindigkeit des interplanetaren Plasmas) gegen die Erde prallenden Verdichtungsfront. Zur Ausbildung einer solchen Stoßfront kommt es etwa, wenn in einer solaren Eruption Plasma ausgestoßen wird. Man nimmt an, daß die Stoßfront, räumlich sehr weit ausgedehnt, der Plasmawolke vorausgeht. Sie findet vor sich das vom solaren Wind an ruhigen Tagen im interplanetaren Raum ausgebildete Strömungsfeld.

Der Aufprall der Stoßfront auf die Magnetosphäre löst eine komplexe Kette hydromagnetischer Prozesse aus, die sich auf die Erde zu fortpflanzen (vgl. hierzu z. B. WILSON und SUGIURA [64], FRANCIS et al. [23], DESSLER et al. [18]).

3.38. Vorläufer, Pre-sc- und sc-Effekt

Die Ursache des Vorläufers des sc und des sc-Effektes sahen wir oben (3.33.) in energiereichen Elektronen, die bereits mehrere Stunden vor dem sc auftauchen und deren Anzahl bis zum sc zunimmt, während im Augenblick des sc eine sprungartige Erhöhung des primären Elektronenflusses einsetzt, die wenige Minuten später wieder verschwunden ist.

Die in 3.32. angeführten Satelliten-Messungen von FREEMAN et al. [25] und HOFFMAN et al. [30] zeigen direkt, daß es vor dem sc einen wachsenden Fluß von Elektronen gibt, wenngleich die Messungen nur energiearme Elektronen erfaßten. Das steht nicht im Widerspruch zu unserer Hypothese, die Elektronen mit Energien bis zu einigen hundert keV erforderlich macht. Tatsächlich wurden mit Satelliten bisher keine Messungen in diesem Energiebereich durchgeführt.

Über die Herkunft dieser Elektronen können im Augenblick nur Vermutungen angestellt werden.

a) Man könnte daran denken, daß es sich um Elektronen aus dem Strahlungsgürtel handelt. Die aus dem Photonenfluß erschlossene Verlustrate von einigen 10^8 bis 10^9 Elektronen/cm^2 sek kann aber nicht über Stunden hin aus dem Strahlungsgürtel gedeckt werden ohne daß ständig neue Teilchen von außen in die Magnetosphäre eindringen. Andererseits war z. B. am 13. 7. das Erdmagnetfeld vor dem sc nahezu ungestört, so daß die adiabatischen Invarianten, die periodische Bahnen im Dipolfeld charakterisieren, sicher nicht verletzt waren. Dann ist aber nicht einzusehen, warum Elektronen aus dem Strahlungsgürtel in stärkerem Maße als gewöhnlich herausgelangen sollen.

b) Eine zweite Möglichkeit wäre, daß Elektronen mit den geforderten Energien in der sich nähernden Plasma-Wolke enthalten waren und, ähnlich wie dies für Protonen in 3.212. beschrieben wurde, mit zunehmender Expansion der Wolke entweichen konnten. Dann würde man zwar einen mit der Zeit zunehmenden Elektronenfluß erwarten, aber auch eine mit der Zeit abnehmende mittlere Energie der beobachteten Röntgenstrahlung. Insbesondere würde man erwarten, daß auch nach dem sc Bremsstrahlung erzeugende Elektronen vorhanden sind. "Vorläufer" und sc-Effekt weisen jedoch praktisch konstante mittlere Energie der Bremsstrahlungsquanten auf. Nach dem sc ergibt sich aus unseren Messungen kein Hinweis auf das Vorhandensein von Bremsstrahlung. Auch bei Satellitenmessungen sind die Elektronen nach dem sc verschwunden. Wir müssen also auch diese Möglichkeit verwerfen.

Diese Überlegung zeigt, daß die Elektronen vor dem sc nicht a priori mit den erforderlichen Energien vorhanden sein konnten. Sie müssen also beschleunigt worden sein. Der Beschleunigungsprozeß muß mit dem besonderen Zustand des interplanetaren Raumes vor dem sc zusammenhängen. Wir haben diesen Zustand in 3.35. und 3.36. beschrieben.

3.39. Modifizierter Fermi-Prozeß

PARKER [48, 49], DAVIS [17] und FAN [20] haben gezeigt, daß die Beschleunigung von geladenen Teilchen in einem modifizierten Fermi-Prozeß durch hydromagnetische Stoßfronten möglich ist. Die Autoren zeigten, daß solche Prozesse wirksamer sind als der ursprünglich von FERMI [22] diskutierte Fall. Der mittlere relative Energiegewinn ist hier proportional zu u/c (u: Ausbreitungsgeschwindigkeit der Stoßfront, c: Lichtgeschwindigkeit), während er beim Fermi-Prozeß proportional zu $(u/c)^2$ ist. Nach n Reflexionen an der bewegten Front ergibt sich für die mittlere Energie der Teilchen $\overline{E}$

$$\overline{E} = E_o \, e^{n(u/c)}.$$

(E_o: Teilchenenergie vor der Beschleunigung)

In einem solchen Effekt können Teilchen im Prinzip von thermischen Energien an beschleunigt werden. Eine Beschleunigung findet statt, wenn die Geschwindigkeit von Teilchen und Front antiparallel gerichtet sind. Im umgekehrten Fall verliert ein Teilchen Energie. Da aber antiparallele Stöße im Mittel häufiger sind als parallele, ergibt sich eine Netto-Beschleunigung ((3) in Abb. 13c).

Solche Prozesse sind ausführlich auf die Beschleunigung von Teilchen der kosmischen Strahlung in der Galaxis angewandt worden. AXFORD und REID [5] haben indessen darauf hingewiesen, daß sich ein solcher Prozeß auch im interplanetaren Raum zwischen der vor der Erde stehenden und der sich der Erde nähernden hydromagnetischen Stoßfront nach einer solaren Eruption abspielen könnte. Ein solcher Prozeß hätte den Vorteil, daß er

1. einen mit der Zeit zunehmenden Teilchenfluß liefert, da die Beschleunigungszeit mit abnehmender Entfernung kürzer wird und
2. nach dem sc, wenn sich beide Stoßfronten durchdrungen haben, nicht mehr funktioniert, so daß der so erzeugte Teilchenfluß nach dem sc verschwindet.

Prinzipiell arbeitet ein solcher Prozeß, wenn der Krümmungsradius der Teilchen im Magnetfeld der Front kleiner ist als die Dicke der Front, und zwar wirkt er gleichermaßen auf positiv wie negativ geladene Teilchen. Wenn wir annehmen, daß die Dicke der Stoßfront etwa 100 km beträgt und die Feldstärke in der Front mit 10^{-3} Gauß ansetzen, so ergibt sich, daß Protonen durch die sich der Erde nähernde Front nach einigen 10^2 Reflexionen auf etwa 6 MeV, Elektronen auf etwa 600 keV beschleunigt werden können. Die zugrundegelegten Zahlenwerte sind zwar willkürlich und nicht durch Messungen belegt, erscheinen aber plausibel. Die abgeschätzten Maximal-Energien liegen gerade in dem Energiebereich, den die Interpretation der Meßergebnisse fordert.

3.3.

3.310. Wir wollen nun versuchen, das Beobachtungsmaterial im Rahmen dieser Modellvorstellung zu interpretieren.

Unsere Erklärung des "Pre-sc-Effekts" geht dann dahin, daß neben den aus der Plasma-Wolke entweichenden Protonen noch solche, die in einem Prozeß des oben beschriebenen Typs beschleunigt wurden, zu dem beobachteten Effekt beitragen. Je nachdem, wie groß der Teilchenfluß direkt aus der Plasmawolke entweichender Teilchen im Verhältnis zum Fluß beschleunigter Teilchen ist, beobachtet man nach dem sc eine mehr oder weniger starke Abnahme des Protonenflusses und der von ihm ausgelösten Sekundäreffekte. Nachdem die Plasma-Wolke die Erde erreicht hat und die in der Wolke gespeicherten Teilchen in das Erdmagnetfeld eindringen können, wird der meßbare Fluß wieder größer, die Intensität der Sekundäreffekte nimmt zu, ehe dann das allgemeine Abklingen einsetzt.

In der Tat nahm die Absorption des kosmischen Radiorauschens über Kiruna (Abb. 17) und College (Abb. 10) ebenso wie der aus Ballonmessungen über Fort Churchill [31] abgeschätzte Fluß energiearmer Protonen unmittelbar nach dem sc abrupt ab, kurz danach rasch zu, um wenig später langsam abzuklingen.

HOFMANN et al. [30] beobachteten mit Explorer XII am 30. 9. 61 im Augenblick des sc das Verschwinden des Elektronenflusses und eine starke Abnahme des Protonenflusses. Ähnlich verhält es sich bei den in 3.32. zitierten Beobachtungen verschiedener Pre-sc-Effekte.

Die erwähnte Gleichberechtigung von Protonen und Elektronen in dem angenommenen Beschleunigungsprozeß führt dann aber zwangsläufig auch zu einem Elektronenfluß, und die von diesem ausgelöste Röntgenbremsstrahlung kann sich in Ballonhöhe bemerkbar machen. Das wurde aber gerade beobachtet ("Vorläufer" des sc). Die Annäherung der beiden Fronten müßte kurz vor dem Zusammenprall zu einem lawinenartigen Ansteigen der Zahl der beschleunigten Teilchen führen; das würde in diesem Modell auch für den sc-Effekt eine befriedigende Erklärung ermöglichen.

Die oben getroffene Unterscheidung zwischen Pre-sc-Effekt und Vorläufer kann dann wieder aufgehoben werden, da nach der eben entwickelten Vorstellung beide dieselbe Ursache haben.

Auch beobachtete Anisotropien des Teilcheneinfalls während Pre-sc-Effekten sind so verständlich, weil Stationen in hohen Breiten sehr enge asymptotische Öffnungskegel zugeordnet sind [42], so daß die in das ungestörte Erdfeld eindringenden Protonen (da sie alle ungefähr aus derselben Richtung kommen, vgl. dazu AKASOFU et al. [1]) nicht überall hingelangen können. AXFORD und REID [5] erklären so das Fehlen des Pre-sc-Effekts in polnahen Stationen.

Im Rahmen dieses Modells ist auch sofort verständlich, warum der Protonenfluß nach dem sc nicht völlig verschwindet, sondern u. U. für kurze Zeit sogar noch zunimmt. In AXFORD und REID's Vorstellungen ergab sich hier eine wesentliche Schwierigkeit.

3.311. Wir haben gesehen, daß das angegebene Modell die im Rahmen dieser Arbeit angeführten verschiedenartigen Meßergebnisse erklärt. Unsere Kenntnisse der Struktur des interplanetaren Raumes sind im Augenblick noch zu bescheiden, um definitiv entscheiden zu können (z. B. aus Satellitenmessungen), wie die Verhältnisse in Wirklichkeit sind. Im Augenblick ist die Diskussion eines speziellen Beschleunigungsmechanismus weitgehend spekulativ. Wir wollen daher darauf auch gar nicht weiter eingehen. Wir glauben aber mindestens zweifelsfrei gezeigt zu haben, daß Beschleunigungsprozesse existieren müssen. Zum Schluß fassen wir noch einmal die wesentlichen Forderungen zusammen, die sich aus den experimentellen Befunden an ein Modell ergeben:

1. Beschleunigungsprozesse im interplanetaren Raum müssen möglich sein.
2. Diese Prozesse müssen mit der Annäherung der in einer solaren Eruption ausgestoßenen Plasmawolke an die Erde in einem kausalen Zusammenhang stehen.
3. Sie müssen Protonen und Elektronen gleichermaßen betreffen.
4. Sie müssen auf der Erde einen vor dem sc mit der Zeit wachsenden Teilchenfluß hervorbringen, der auf der Erde nach dem sc nicht mehr nachzuweisen ist.

Nach dem sc am 13. 7. setzte ein geomagnetischer Sturm ein, der in seiner Hauptphase Kp = 8+ (vgl. Abb. 2) erreichte. Die im Folgenden diskutierten Messungen wurden während dieses Sturmes gewonnen.

3.4. Aufstieg Sk 23

Beim Aufstieg Sk 23 (Abb. 3) setzte die Druckmessung aus. Erfahrungsgemäß kann man aber aus der Dauer des Aufstieges schließen, daß der Ballon ein Druckniveau von ca. 50 mb erreichte, ehe er platzte. Zusatzstrahlung war bei diesem Aufstieg nicht eindeutig nachzuweisen.

3.5. Aufstieg Sk 24

Eine Stunde nach dem Ende von Aufstieg Sk 23 wurde Sk 24 gestartet (Abb. 3, Abb. 21 a, b). Während des Aufstiegs war Zusatzstrahlung bei K und Z ab etwa 100 mb nachweisbar, während bei T Zusatzstrahlung wegen des größeren statistischen Fehlers eindeutig erst ab 70 mb nachzuweisen war. In Abb. 19 sind die Zusatzzählraten der Detektoren zusammen mit $\varepsilon_K / \varepsilon_Z$ eingezeichnet.

3.51. Die Zusatzstrahlung bei Z und K läßt sich, abgesehen von einigen zeitlichen Variationen (Vergleich mit M 308 in Abb. 3), bis zu einem Druck von ca. 15 mb durch eine Exponentialfunktion darstellen. Wir fassen dies versuchsweise als einen Hinweis auf Gammastrahlung auf; dann ist eine mittlere Energie von 0,65 MeV durch den Absorptionskoeffizienten $\bar{\mu} = 0,03$ cm^2/g angezeigt. $\varepsilon_K/\varepsilon_Z$ war während der ganzen Aufstiegsphase ungefähr gleich $2 \cdot 10^{-5}$. Das entspricht einer Photonenenergie von entweder 110 keV oder 650 keV. Der letztere Wert ist nach dem vorigen und wegen der Teleskopmessung zu wählen. Die Messungen ergeben dann einen Fluß von 72 Photonen/cm^{2}sek ster. Die Teleskop-Zusatzstrahlung läßt sich von 70 mb ab bis etwa 15 mb recht gut durch eine Exponentialfunktion mit einem Absorptionskoeffizienten für Gammastrahlung von $\bar{\mu} = 0,025$ cm^2/g, entsprechend $\bar{E}_{Phot} \approx$ 1,5 MeV, approximieren (18 Photonen/cm^{2}sek ster).

Die Diskrepanz in den angezeigten mittleren Energien (0,65 bzw. 1,5 MeV) löst sich, wenn wir berücksichtigen, daß die Gammastrahlung sicher mit einem gewissen Spektrum einfiel. Das Teleskop hat für Gammastrahlung eine effektive Schwellenenergie von 600 keV (Tab. 5). Wir wollen zur Erläuterung annehmen, die Strahlung habe ein Energie-

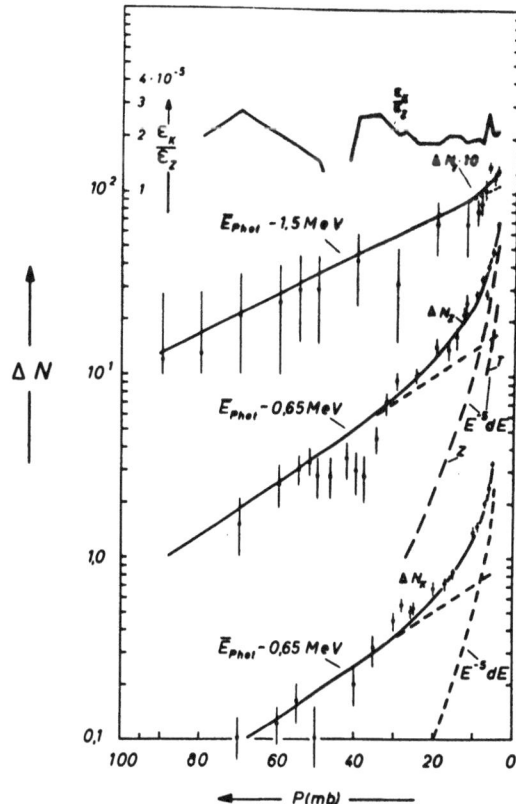

Abb. 19: Zusatz-Zählraten während des Steigfluges von Sk 24 am 13. 7. 1961.

3.5.   - 36 -

spektrum $f_{Phot}(E)dE = K_{Phot} E^{-\gamma} dE$. Als mittleren Absorptionskoeffizienten $\bar{\mu}$ kann man definieren

$$\bar{\mu} = \frac{\int_{E_{min}}^{E_{max}} f(E) \cdot \mu(E) dE}{\int_{E_{min}}^{E_{max}} f(E) dE} \qquad (13)$$

$\mu(E)$ läßt sich für den betrachteten Energiebereich durch $\mu(E) = (-1,58\,E + 30,8) \cdot 10^{-3}$ (E in MeV, μ in cm^2/g) approximieren.

Für T ist $E_{min} = 0,6$ MeV. Für Z und K wollen wir E_{min} offen lassen; als obere Grenze können wir $E_{max} = \infty$ nehmen. Dann ergibt sich mit dem gemessenen $\bar{\mu}$ mit Gl. (13) aus den T-Messungen $\gamma = 2,6$ und damit für die beiden anderen Detektoren $E_{min} \approx 0,25$ MeV. Die höhere mittlere Energie der T-Messung rührt also von der höheren Abschneideenergie des Detektors her. Mit K = 12,7 löst sich so auch die Diskrepanz in den angezeigten Flußdichten der Photonen.

Ab 15 mb nahmen die Zählraten der Detektoren stärker als exponentiell zu. Die Differenz zum extrapolierten exponentiellen Anstieg läßt sich, wenn p die atmosphärische Tiefe bezeichnet, als Potenzfunktion p^{-m} annähern. Wir interpretieren dies daher als Protonen-Anteil. Es ergibt sich ein Energiespektrum $f(E)dE \sim E^{-5} dE$ (70 $\leq$ E $\leq$ 120 MeV) in guter Übereinstimmung zu dem von GUSS und WADDINGTON [28] (Tab. 3) gefundenen Wert.

Die Steilheit des Spektrums, die niedrige obere Grenze und die höhere Abschneideenergie des Teleskops ergeben wieder verschiedene Werte für den Teilchenfluß, wenn man ihn aus den Zählraten I_Z und I_T von Z bzw. T direkt umrechnet. Theoretisch sollte man $I_Z/I_T = 12$ erwarten. Aus den Messungen ergaben sich Flußdichten $I_Z = 0,7$ Protonen/cm^2 sek ster und $I_T = 0,06$ Protonen/cm^2 sek ster. Das Ergebnis entspricht also den Erwartungen.

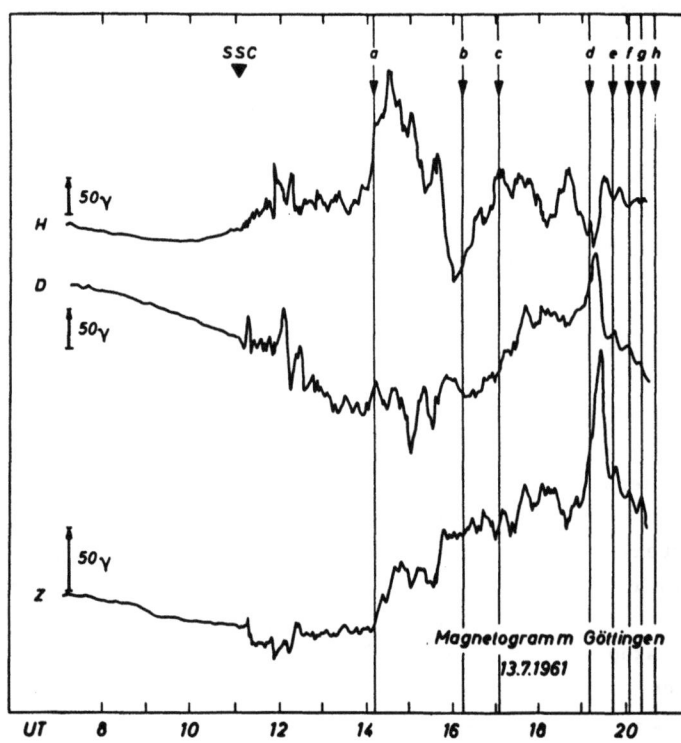

Andere Versuche, die drei Messungen konsistent zu interpretieren, scheiterten. Wir stellen also fest: Die Zählraten der drei Detektoren lassen sich erklären durch

1. isotrop einfallende Photonen mit einer Flußdichte von 72 Photonen/cm^2 sek ster, deren Energiespektrum nach dem vorigen durch $f_{Phot}(E)dE = 12,7\,E^{-2,6} dE$ beschrieben werden kann für $E_{Phot} > 250$ keV.
2. isotrop einfallende Protonen mit einer Flußdichte von 0,7 Protonen/cm^2 sek ster im Energiebereich 70 $\leq$ E $\leq$ 120 MeV; für deren Energiespektrum gilt $f_p(E)dE \sim E^{-5} dE$.

Abb. 20: Ausschnitt aus der Originalregistrierung des Erdmagnetfeldes in Göttingen am 13. 7. 1961 (Prof. Bartels, unveröffentlicht). Wegen der Bedeutung der mit a, b, usw. bezeichneten Linien vgl. Text.

Mit Gleichung (11) kann man aus der in Ballonhöhe gemessenen Photonenflußdichte auf die Flußdichte energiearmer Protonen am Gipfel der Atmosphäre schließen und findet mit dem aus Satellitenmessungen [54] abgeleiteten Energiespektrum $f_p(E)\,dE \sim E^{-4}\,dE$ eine Flußdichte von $3 \cdot 10^4$ Protonen/cm^2 sek ster für $1,5 \leqq E \leqq 15$ MeV. PIEPER et al. [54] fanden zur selben Zeit mit Injun I einen Fluß von $3,3 \cdot 10^4$ Protonen/cm^2 sek ster. Ein dünnwandiges Geiger-Müller-Zählrohr an Bord von Injun I registrierte Protonen im Energiebereich 0,5 ... 15 MeV, jedoch auch Elektronen aus dem Strahlungsgürtel. Ein Vergleich unserer Messungen mit dieser ist daher nicht möglich.

3.52. Der weitere Verlauf des Aufstiegs (Abb. 21a, Abb. 21b, S. 38) zeigte auffallende Sprünge in den Zählraten von K und Z . T zeigte bis gegen 16.40 UT unregelmäßige Fluktuationen, danach nahm die Intensität stetig ab. Nach 19.00 Uhr erfolgte die Abnahme der Zählrate exponentiell mit der Zeit, vor 19.00 Uhr schneller (vgl. 3.53.).

Die Änderungen in den Zählraten der beiden anderen Detektoren korrelierten eng mit Schwankungen des Erdmagnetfeldes. Z und K in M 308 (Abb. 3) zeigten gegen 14.05 UT einen Sprung in der Zählrate, die dann etwa bis 16.15 UT konstant blieb, um danach wiederum sprunghaft abzunehmen. Den Sprung um 16.15 UT zeigten gleichzeitig auch Z und K in Sk 24. Um 17.05 UT nahmen die Zählraten dieser beiden Detektoren in Sk 24 und M 308 wiederum sprungartig zu; sie blieben dann konstant bis 19.09 UT. Nach einer kurzdauernden Zunahme um 19.09 UT, die als Röntgenstrahlung mit $\overline{E}_{Phot} \approx 50$ keV angesehen werden muß, nahmen die Zählraten beider Detektoren um 19.10 UT wieder abrupt ab (Abb. 21a).

In der Registrierung (Abb. 21a, 21b) fallen ferner besonders die Spitzen um 19.40 UT, 19.55 UT, 20.10 UT und 20.30 UT ins Auge. Diese quasi-periodische Struktur ist in den Magnetogrammen von Stationen in mittleren und niederen Breiten längs des geomagnetischen Meridians von Kiruna angedeutet, nicht aber in anderen Magnetogrammen, die untersucht wurden, insbesondere nicht in den Magnetogrammen von Kiruna (Abb. 21a).

Abb. 20 zeigt einen Ausschnitt aus einem Göttinger Magnetogramm. Die Linien e, f, g, h markieren die Maxima der Zählraten-Strukturen; die Korrespondenz ist besonders in D und H evident.

Die Linien a, b, c, d in Abb. 20 bezeichnen die oben erwähnten Sprünge in den Zählraten um 14.05, 16.15, 17.05 und 19.10 UT. Da die Effekte um 16.15 (b) und 17.05 (c) sowohl über Kiruna als auch über Fort Churchill nachgewiesen wurden, schließen wir, daß auch die beiden anderen Effekte (a und b) über <u>beiden</u> Stationen beobachtet worden wären, als nur jeweils an einer Station ein Ballon in der Luft war. Es scheint, daß die zwischen a und b und c und d verstrichenen Zeiten charakteristischen Fluktuationen des Erdmagnetfeldes entsprechen. Bemerkenswert ist vielleicht noch, daß zwischen a und b 130 Minuten, zwischen c und d 125 Minuten vergingen.

Ähnliches beobachtete ANDERSON [2] nach dem schon in 3.34. besprochenen sc am 29. 8. 1957. Auch ihm fiel die Korrelation von Zählraten-Sprüngen mit Fluktuationen des Erdmagnetfeldes auf. Der typische Zeit-Abstand zwischen den Zählratensprüngen lag damals bei 100 Minuten.

3.53. Die Zusatz-Zählraten aller Detektoren in Sk 24 nahmen von 17.10 an bis 19.10 UT wie e^{-t/T_o} mit $T_o = 1,9$ h ab. Ein Sprung in den Zählraten von Z und K unterbrach diesen Verlauf, der sich jedoch bei T bis 23.00 UT fortsetzte. Zu dieser Zeit hatte T seinen Normalwert erreicht und blieb für den Rest des Fluges konstant.

Z und K zeigten nach 19.10 UT, abgesehen von den bereits besprochenen, dem allgemeinen Trend überlagerten Strukturen, eine exponentielle Abnahme zunächst bis gegen 24.00 UT mit $T_o = 1,5$ h. Die Struktur um 24.00 UT hob das allgemeine Niveau um etwa 20 % gegenüber den um 24.00 Uhr erreichten Zählraten an.

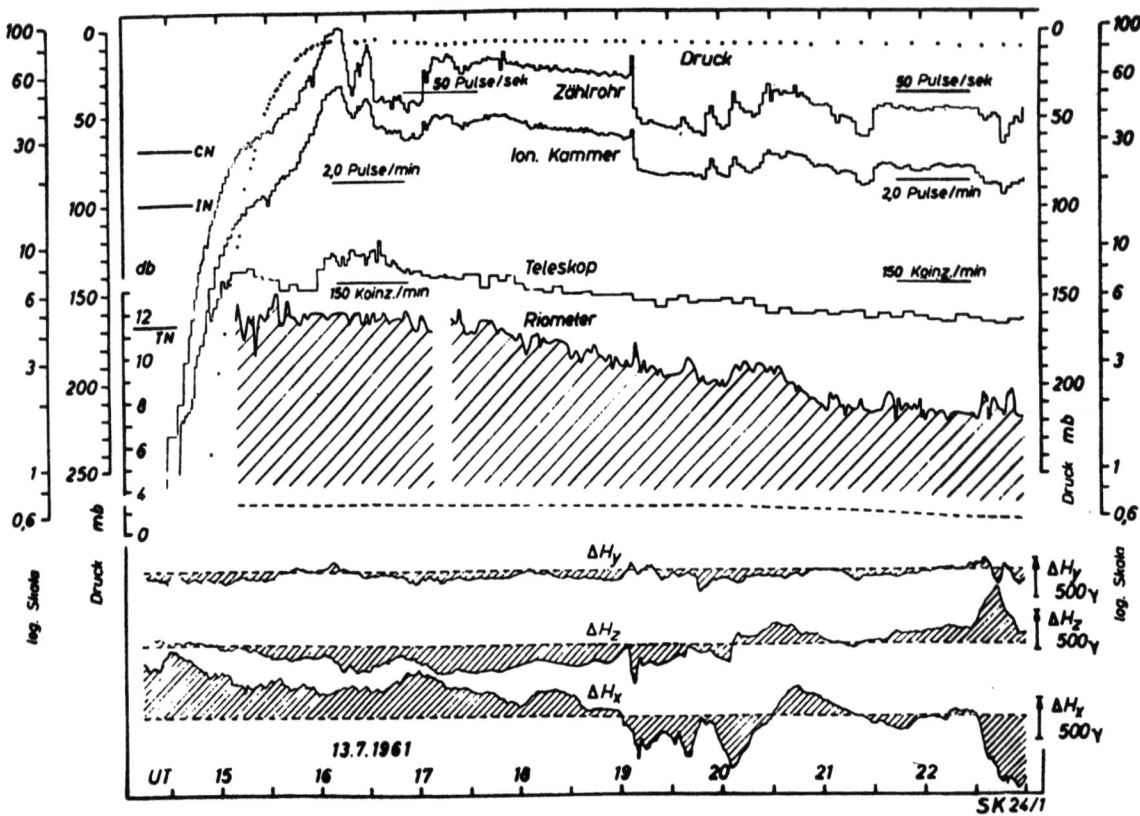

Abb. 21a: Zählraten der Detektoren, Absorption des kosmischen Radiorauschens (Riometer-Registrierung) (gestrichelt: ungestörter Tagesgang) über Kiruna und Magnetfeldvariationen in Kiruna (gestrichelt: ungestörtes Feld) während des Fluges Sk 24 am 13./14. 7. 1961.

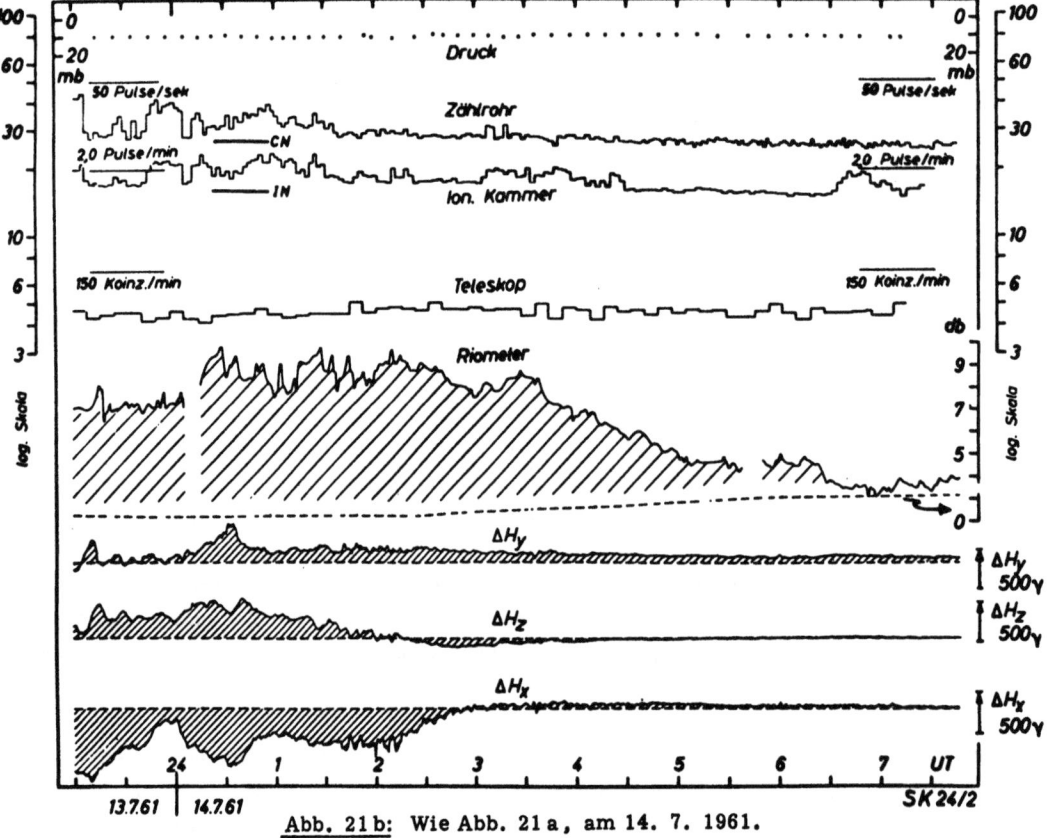

Abb. 21b: Wie Abb. 21a, am 14. 7. 1961.

Danach beobachtet man erneut exponentielle Abnahme mit $T_o = 1,5$ h bis die Zählraten am 14. 7., 05.30 UT, den konstanten, nach KEPPLER [36] berechneten Normalwert annahmen, also keine Zusatzstrahlung mehr anzeigten. Die Ionisationskammer fiel wahrscheinlich kurz vor 07.00 UT aus; wir halten die angezeigte Zunahme nach 07.00 UT nicht für reell.

Dem allgemeinen Trend der Zählraten von K und Z entspricht ein $\varepsilon_K/\varepsilon_Z$ von $2 \cdot 10^{-5}$, entsprechend entweder 110 oder 650 keV Photonenenergie.

Im letzteren Fall hätte den 22 Photonen/cm^2 sek ster gegen 19.30 UT eine zusätzliche Zählrate von 24 Pulsen/min des Teleskops entsprochen; das wurde gerade beobachtet.

3.54. Zusammenfassend müssen wir also die Registrierungen dieses Aufstieges wie folgt interpretieren:

1. Der von den Detektoren beim Aufstieg gemessene Protonenfluß nahm unmittelbar nach Erreichen der Gipfelhöhe ab und war, nach Teleskopdaten, um 17.00 UT im wesentlichen verschwunden. Nach den verfügbaren Satellitenmessungen [41, 54] galt das zu dieser Zeit auch für den Protonenfluß mit $E > 40$ MeV (Abb. 10).

2. Die Strukturen in der Z- und K-Registrierung entsprachen Fluktuationen der Gammastrahlung mit der mittleren Energie von 650 keV, also letztlich energiearmen Protonen (MeV-Bereich). Die aus den gemessenen Flußdichten der Photonen abgeschätzten Flußdichten der Protonen stimmten zu allen Zeiten recht gut mit den von Injun I gemessenen überein (Abb. 10). Zum gleichen Ergebnis gelangten auch HOFMANN und WINCKLER [31].

3. Das Fehlen dieser Strukturen in der T-Registrierung, die nur die Einstrahlung relativ energiereicher Photonen anzeigte, kann wohl nur so interpretiert werden, daß die Fluktuationen auf den energiearmen Anteil des Photonenspektrums beschränkt waren.

Sie müssen dann wohl durch Schwankungen des Protonenflusses am energiearmen Ende des Spektrums ausgelöst worden sein, die wahrscheinlich durch Variationen der geomagnetischen Abschneideenergie (cut off), zwischen etwa 2 bis 3 und 15 bis 20 MeV, verursacht wurden. (Da nach Injun-Messungen der Fluß oberhalb 40 MeV sehr klein war, muß diese, wie die Messungen zeigen, außerordentlich starke Intensitätsschwankung nur Protonen mit Energien wesentlich unter 40 MeV betroffen haben.) Der in 3.52. betonte Zusammenhang mit Magnetfeldvariationen bestätigt diese Folgerung.

4. Danach interpretieren wir die Abnahme der Zählraten um 16.15 und 19.10 UT ebenso wie die um 12.20 UT in M 308 [31] als Folge einer plötzlichen Erhöhung, die Zunahme der Zählraten um 14.05 und 17.05 UT als eine plötzliche Erniedrigung der geomagnetischen Abschneideenergie.

5. Dem Sprung um 19.10 UT ging ein Röntgenstrahlungsausbruch von 1 Min Dauer ($E_{Phot} \approx 50$ keV) voraus. Seine Ursache muß wohl in einer plötzlichen lokalen Beschleunigung von Elektronen oder einer lokalen Ausfällung von Elektronen aus den Strahlungsgürteln zu suchen sein. Die Korrelation zu Magnetfeldänderungen, speziell zu Kiruna, ist signifikant.

6. Die quasi-periodischen Zählratenschwankungen zwischen 19.45 und 20.30 UT müssen ebenso als cut-off-Variation angesehen werden, ausgelöst durch quasi-periodische Schwankungen des Erdmagnetfeldes.

7. Nach 21.00 UT kann man (aus $\varepsilon_K/\varepsilon_Z$) den, einem allgemeinen exponentiellen Abklingen überlagerten Strukturen Photonenenergien von ca. 90 keV zuordnen, d. h., diese überlagerten Strukturen wurden durch Röntgenstrahlung hervorgerufen, und deren Ursache müssen wir wiederum in Elektronen suchen, die beim Eindringen in die Atmosphäre Bremsstrahlung erzeugten. Die Flußdichten sind von der Ordnung 100 - 200

Photonen/cm^2 sek ster, entsprechend primären Elektronen mit mittleren Energien um 600 keV und Flußdichten von 10^9 - 10^{10} Elektronen/cm^2 sek [36] .

8. Für diese Folgerung sprechen auch die starken Schwankungen der Absorption des kosmischen Radiorauschens (CNA) zu diesen Zeiten, die durchaus den Charakter von Nordlichtstörungen annahmen.

Nachdem gegen 03.00 UT die magnetische Aktivität abgeklungen und der cut off vermutlich wieder höher geworden war, verschwanden diese Strukturen: Teilchenfluß und CNA nahmen rasch ab, weil die Teilchen nicht mehr bis zur geomagnetischen Breite von Kiruna vordringen konnten.

9. Die Satellitenmessungen stehen mit diesen Folgerungen aus den Ballon-Messungen in Einklang.

Die geomagnetische Abschneideenergie erreichte danach gegen 00.00 UT am 14. 7. ein Minimum, um danach im Ganzen wieder anzusteigen. Obwohl nach Satellitenmessungen (Abb. 10) und nach den Messungen über Fort Churchill [31] gegen 05.00 UT am 14. 7. noch $4 \cdot 10^3$ Protonen/cm^2 sek ster nachweisbar waren, zeigten unsere Detektoren in Sk 24 keine Zusatzstrahlung mehr an. Die CNA war über Kiruna (Abb. 21 b) verschwunden, jedoch über College/Alaska (Abb. 10) noch beträchtlich: Die Schwellenenergie über Kiruna lag höher als die höchste der vorkommenden Protonenergien.

3.6. Aufstieg Sk 25

Am 14. 7., unmittelbar nach Ende der Übertragung von Sk 24, wurde erneut ein Ballon, Sk 25, gestartet (Abb. 3). Dieser erreichte ein Druckniveau von 8 mb gegen 10.20 UT. T zeigte während des ganzen Aufstiegs keine Zusatzstrahlung, bei Z und K war Zusatzstrahlung etwa ab 30 mb nachweisbar. Es handelte sich also um Röntgenstrahlung. Aus der Reichweitemessung während des Steigfluges kann man jedoch wegen zeitlicher Schwankungen (vgl. M 309, Abb. 3) keine sichere Aussage über spektrale Eigenschaften gewinnen. So nahmen die Zählraten beider Detektoren zwischen 11 und 8 mb wie $e^{-\alpha p}$ mit $\alpha \approx 1$ cm^2/g, entsprechend einer Photonenenergie von 15 keV, zu. Eine gleichzeitige Intensitätssteigerung könnte möglich gewesen sein, so daß α vergrößert erschienen wäre. Aus $\varepsilon_K/\varepsilon_Z = 2,4 \cdot 10^{-6}$ (praktisch konstant zwischen 10.10 und 14.30 UT) folgt (Abb. 12), daß die mittlere Energie höher lag, bei etwa 30 keV. Der Wert von $\varepsilon_K/\varepsilon_Z$ bestätigt den Schluß auf Röntgenstrahlung zweifelsfrei. Die zwischen 10.20 und 14.30 UT nahezu konstante Flußdichte von rd. 12 Photonen/cm^2 sek ster macht, wenn man Elektronen-Bremsstrahlung annimmt, eine primäre Flußdichte von 10^{11} Elektronen/cm^2 sek im 30 - 40 keV Bereich erforderlich [36] .

Der Vergleich von Sk 25 mit M 309 (Abb. 3) zeigt, daß auch über Fort Churchill der wesentliche Beitrag zur Zählrate von energiearmen Photonen (20 $\leq$ E $\leq$ 60 keV) stammte. Während dort aber noch ein relativ starker Fluß von Gammastrahlung meßbar war (entsprechend $2 \cdot 10^3$ Protonen/cm^2 sek ster [31] im Energiebereich 1,5 < E < 15 MeV, in Übereinstimmung mit den Injun-Messungen), zeigte Sk 25 diese Komponente sicher nicht. Wir schließen daraus, daß die geomagnetische Energie-Schwelle über Kiruna wieder höher lag, so daß die über Fort Churchill noch indirekt nachweisbaren Protonen über Kiruna nicht mehr bis zur Breite von Kiruna vordringen konnten. Über Minneapolis wurden zur gleichen Zeit Röntgenstrahlungsausbrüche, wie sie in der Nordlichtzone üblicherweise vorkommen, gemessen (Abb. 3, M 257).

Die geomagnetischen Registrierungen zeigten am 14. 7., 08.12 UT, einen si (sudden impuls) an. Diesem si ist die Ankunft der Plasmawolke vom Flare am 12. 7. zuzuordnen (Laufzeit 46 h). Im Augenblick des si war, ähnlich wie beim sc (3.3.), im niederenergetischen Kanal von M 309, Abb. 3, ein schwacher Intensitätsanstieg, in der CNA in College/Alaska ein starker kurzdauernder Anstieg (8 dB) zu sehen [31] . Auch beim si scheint danach der in 3.39. und 3.310. postulierte Beschleunigungseffekt zu funktionieren.

Die CNA über Kiruna nahm etwa ab 08.20 UT erneut zu, erreichte gegen 09.00 UT einen nahezu konstanten Wert und nahm, parallel zu der leichten Abnahme der Zählraten in Sk 25 nach 12.00 UT ab. Um 14.30 UT verschwand die Zusatzstrahlung bei Z und K vorübergehend, flackerte danach etwa in diesem Energiebereich noch einige Male auf und war nach 16.20 UT Null. Nach 16.30 UT ging die positive Phase des magnetischen Sturmes in Kiruna in die negative Hauptphase über, die kurz vor 18.00 UT kräftig einsetzte. Von nun an registrierte Sk 25 Röntgenstrahlungsausbrüche, mit typisch höheren Werten von $\varepsilon_K/\varepsilon_Z = 7 \cdot 10^{-6}$, entsprechend $\overline{E}_{Phot} \approx 50$ keV. Ein solcher Ausbruch ist in Abb. 3 zwischen 18.00 und 18.30 UT, ein anderer zwischen 20.00 und 20.30 UT zu erkennen. Die beobachteten Flußdichten lagen in den Spitzen bei 200 Photonen/cm^2 sek ster entsprechend $I \approx 10^{11}$ Elektronen/cm^2 sek mit $\overline{E}_e \approx 90$ keV (Abb. 16).

In der T-Registrierung von Sk 25 zeigt sich (nach Luftdruckkorrektur) ein Absinken des Plateau-Wertes gegenüber dem 10.00 UT-Wert bis gegen 14.00 UT um 5 % (Forbush-Effekt). Danach setzt die Erholungsphase ein, bis um Mitternacht der Plateau-Wert vom Vormittag wieder erreicht wird. Analog erkennt man in der Neutronen-Registrierung in Abb. 1, daß der der Ankunft der zweiten Plasmawolke entsprechende Forbush-Effekt am 14. 7. gegen 12.00 UT die Erholungsphase des vorhergehenden Effektes unterbricht und gegen 15.00 UT ein Minimum erreicht. Danach setzt auch hier die Erholung ein.

3.7. Aufstieg Sk 26

Aufstieg 26 (Abb. 22) am 15. 7., 23.00 UT gestartet, zeigte nur noch Röntgenstrahlungsausbrüche, wie sie üblicherweise in der Nordlichtzone beobachtet werden. Sie waren allerdings besonders intensiv. Ein kurz vorher über Fort Churchill gestarteter Ballon zeigte ebenfalls Röntgenstrahlung; gemeinsame Strukturen, wie sie beispielsweise bei Sk 22 oder Sk 24 gefunden worden waren, sind jedoch völlig verschwunden. Gegen 01.00 UT beobachtete BHAVSAR [8] den stärksten, jemals beobachteten Ausbruch mit einem maximalen Fluß von $1,8 \cdot 10^5$ Photonen/cm^2 sek mit einer mittleren Energie von 50 keV.

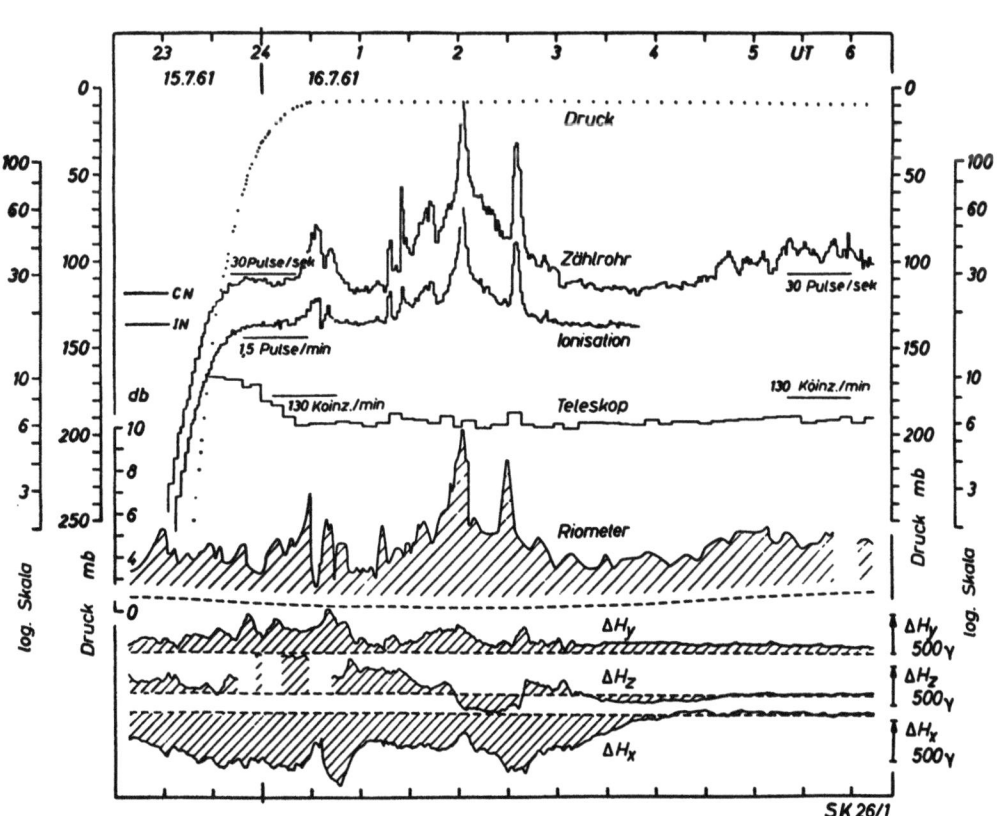

Abb. 22: Röntgenstrahlung, gemessen während des Fluges Sk 26 am 15./16. 7. 1961. Zählraten der Detektoren, Riometer in Kiruna und Kiruna-Magnetogramme.

Für die Röntgenstrahlung in Sk 26 blieb zwischen 00.20 UT und 03.00 UT, wenn die Zusatz-Zählrate von Null verschieden war, $\varepsilon_K/\varepsilon_Z = 10^{-5}$ konstant entsprechend einem $\overline{E}_{Phot} \sim 60$ keV. Der höchsten Zählrate um 02.00 UT von $\Delta N_K = 3,8$ Pulsen/min und $\Delta N_Z = 165$ Pulsen/sek entsprach eine Photonenflußdichte von 680 Photonen/cm^2 sek ster und diese einer primären Elektronenflußdichte von rund 10^{10} Elektronen/cm^2 sek mit einer mittleren Energie von 200 keV.

4. Zusammenfassung (vgl. Abb. 23)

a) 2 1/2 Stunden nach dem Flare am 11.7.61 wurden über Kiruna solare Protonen mit E > 110 MeV und der mittleren Energie $\overline{E} \approx 330$ MeV gemessen. Der Fluß nahm (1) bis zum Ende des Fluges exponentiell zu, $\overline{E}$ auf 180 MeV ab; für den Exponenten des differentiellen Energiespektrums ergab sich $\gamma = 1,7$. Der Zustrom solarer Protonen erreichte (2) sein Maximum vermutlich gegen 24.00 h am 11.7. Beide Erscheinungen ((1) und (2)) lassen sich im Rahmen eines Diffusionsprozesses erklären, für den eine energieunabhängige Diffusionskonstante D angenommen wurde. Als mittlere freie Weglänge im interplanetaren Raum ergab sich $\overline{L} \approx 0,01$ AE.

b) Rund 2 Stunden nach dem Flare am 12.7. wurden über Fort Churchill die ersten solaren Protonen, wahrscheinlich aus dem Flare am 12.7. stammend, gemessen. Über Kiruna wurde am 12.7. zwischen 18.00 und 20.00 UT und am 13.7. zwischen 00.00 und 02.00 UT aus Reichweite-Messungen, zu anderen Zeiten aus der spezifischen Ionisation der Teilchen ein mit der Zeit steiler werdendes differentielles Energiespektrum $f(E)dE \sim E^{-\gamma} dE$ gemessen. Der Exponent des zugrundegelegten Potenz-Spektrums erreichte kurz nach Mitternacht einen Wert von $\gamma = 6,1$ (in Übereinstimmung mit Messungen anderer Autoren, Tab. 3). Ähnlich wie beim ersten Effekt nahm die maximale Energie von 260 MeV am 12.7., 20.00 UT, auf 160 MeV nach Mitternacht ab. Der Fluß der direkt nachgewiesenen Protonen (Maximale Flußdichte 0,6 Protonen/cm^2 sek ster) nahm vom Beginn des Fluges an ständig ab, während gleichzeitig die Intensität der in Ballonhöhe nicht direkt erfaßbaren energiearmen Protonen (E < 40 MeV) ständig zunahm. Diese energiearmen Protonen lösten in der Atmosphäre Kern-Gammastrahlung aus, die auch in Ballonhöhe nachgewiesen werden konnte, nachdem die Flußdichte auf einige 10^3 Protonen/cm^2 sek ster angewachsen war.

c) Bereits 165 Minuten vor dem sc am 13.7. wurde über Kiruna und Fort Churchill Zusatzstrahlung nachgewiesen. Aus unseren Messungen müssen wir schließen, daß es sich dabei um Röntgenstrahlung mit einer mittleren Energie von rund 100 keV handelte, deren Intensität mit der Zeit bis auf 80 Photonen/cm^2 sek ster kurz vor dem sc zunahm.

Wir nannten diesen, wahrscheinlich auch schon früher von ANDERSON beobachteten Effekt "Vorläufer" des sc (Abb. 23).

d) Im Augenblick des sc wurde gleichzeitig über Kiruna und Fort Churchill ein Röntgenstrahlungsausbruch nachgewiesen, dessen Quanten-Energien ebenfalls um, möglicherweise sogar etwas über 100 keV lagen (sc-Effekt).

e) Bei einem weiteren Aufstieg (Sk 24), wenige Stunden nach dem sc, stammte der wesentliche Beitrag zur Zählrate aus Kern-Gammastrahlung, die von einem extrem hohen Fluß primärer, niederenergetischer Protonen in der hohen Atmosphäre ausgelöst wurden. Aus den verschiedenen Ansprechschwellen von Teleskop, Zählrohr und Ionisationskammer ergab sich eine Abschätzung des differentiellen Energiespektrums der Photonen: $f_{Phot}(E)DE \sim E^{-2,6} dE$. Aus den Zählraten konnte quantitativ auf den Fluß der primären Protonen geschlossen werden.

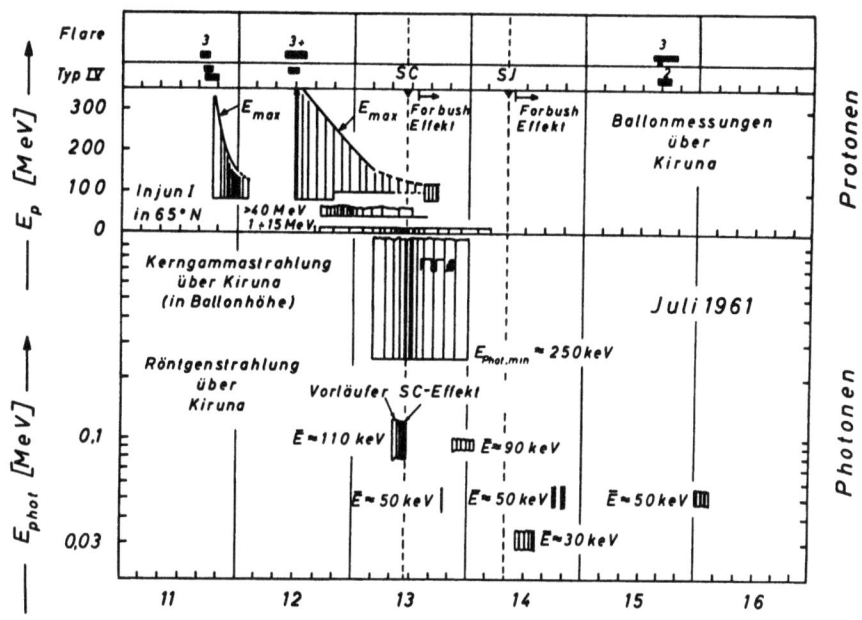

Abb. 23: Zusammenstellung der Meßergebnisse. In der ersten Zeile sind nochmals die Flare-Daten aufgeführt, in der zweiten Zeile sind die Zeiten angegeben, in denen Typ IV-Radiostrahlung registriert wurde. Darunter sind schematisch die Ergebnisse unserer Ballonmessungen über Kiruna markiert und zwar ist als Ordinate die Protonen-Energie aufgetragen. In der Darstellung sind die Änderungen der maximalen vorkommenden Energien ersichtlich. Die Intensität der Effekte ist durch die Dichte der senkrechten Linien angedeutet (wachsender Abstand zwischen den Linien bedeutet abnehmende Intensität). Mit eingetragen sind die Injun I-Messungen.
Im unteren Teil der Abbildung sind die Zeiten, in denen Röntgenstrahlungsausbrüche und Gamma-Strahlung gemessen wurden, angegeben. Horizontale Wellenlinien deuten an, daß sich die Energien vermutlich in einem Bereich oberhalb und unterhalb der mittleren Energie $\bar{E}$ erstrecken.

f) Der weitere Verlauf des Aufstiegs Sk 24 läßt sich durch die Auswirkung von Fluktuationen der geomagnetischen Abschneide-Energie (cut off) charakterisieren; die letztere liegt für Kiruna normalerweise bei 107 MeV (Tab. 2). Während des magnetischen Sturms am 13./14. 7. war sie auf wenige MeV herabgesetzt (Minimum etwa um 24.00 h am 13. 7.). Am 13. 7., um 19.10 UT nahm jedoch die Intensität der in Ballonhöhe gemessenen Photonen infolge einer plötzlichen Erhöhung des cut off wieder sprungartig ab. Von 19.09 bis 19.10 UT wurde zusätzlich ein 50 keV Röntgenstrahlungsausbruch beobachtet, der wohl mit der Änderung der Abschneide-Energie in Zusammenhang stand und als Elektronenbremsstrahlung interpretiert werden kann. Die Elektronen können aus den Strahlungsgürteln gestammt haben oder in der Magentosphäre beschleunigt worden sein. Das erstere scheint näherzuliegen.

g) Nach dem si am 14. 7., 08.12 UT, der die Ankunft der Plasmawolke aus dem Flare vom 12. 7. anzeigt, wurde bei einem Aufstieg über Kiruna zunächst ein nahezu kontinuierlicher Fluß niederenergetischer Röntgenstrahlung (30 keV) beobachtet. Über Fort Churchill trat im Augenblick des si auch ein relativ schwacher Röntgenstrahlungsausbruch auf. Wir sehen dies als Bestätigung der Auffassung an, daß der si im Prinzip ähnlich abläuft wie der sc, daß insbesondere bereits vorhandenes Plasma die Charakteristik des Effekts nicht wesentlich ändert.

h) Mit Beginn der Hauptphase des magnetischen Sturms (18.00 UT am 14. 7.) lagen über Kiruna wieder Verhältnisse vor, wie sie üblicherweise bei magnetischen Stürmen in der Nordlichtzone erwartet werden können. Die Röntgenstrahlungsausbrüche hatten mittlere Energien von 50 keV (am 14. 7., Sk 25) bzw. 60 keV (am 16.7., Sk 26) (Abb. 23).

i) Die Messungen werden im Rahmen eines von MCCRACKEN [42] diskutierten Modells des interplanetaren Raumes interpretiert. Neben energiereichen Protonen, die nach einem Diffusionsprozeß verzögert zur Erde gelangen konnten, wurde ein mit der Zeit wachsender Fluß energiearmer Protonen gemessen. Es wird angenommen, daß diese Protonen zum Teil aus der expandierenden Plasma-Wolke herausgelangen konnten, zum Teil aber auch im interplanetaren Raum beschleunigt wurden. Es wird ein modifizierter Fermi-Mechanismus diskutiert, im Rahmen dessen die experimentellen Befunde erklärt werden können. Da ein solcher Prozeß Protonen und Elektronen beschleunigen kann, ergibt sich damit zugleich eine Möglichkeit, sowohl den als "Vorläufer" apostrophierten Effekt, als auch den sc-Effekt, die beide zu ihrer Erklärung Elektronen mit Energien von einigen hundert keV verlangen, zusammen mit den durch Protonen ausgelösten Pre-sc-Effekten als Folge dieses Beschleunigungsprozesses zu verstehen.

Offen blieb die Antwort auf die Frage nach der Ursache der bereits lange vor dem sc herabgesetzten geomagnetischen Schwellenenergie (cut off) für Protonen.

5. Schluß

Der Verfasser ist dem Direktor des Max-Planck-Institutes für Aeronomie, Institut für Stratosphärenphysik, Herrn Prof. Dr. J. Bartels, für sein förderndes Interesse am Fortgang der Arbeit und für die Möglichkeit, diese Dissertation am Institut auszuführen, zu großem Dank verpflichtet.

Herrn Prof. Dr. A. Ehmert, insbesondere aber Herrn Dr. G. Pfotzer, die die Arbeit anregten, sei an dieser Stelle besonders herzlich für zahlreiche fruchtbare Diskussionen und wertvolle Hinweise gedankt.

All denen, die am Gelingen der Messungen tätigen Anteil hatten, gebührt Dank und Anerkennung: Den Herren Bubla, Kiefert, Koch und Winterhoff, die bei den Ballonaufstiegen in Kiruna mitwirkten, den Herren Frank und Winterhoff, die die Meßgeräte bauten und prüften, sowie der Werkstatt des Institutes, besonders Herrn Obermeister W. Ulfert, die vielfältige technische Probleme zu meistern hatten. Ihnen und all den nicht namentlich Genannten, die bei der Auswertung der Messungen mitwirkten, sei hier für die ersprießliche Zusammenarbeit herzlich gedankt.

Additional information of this book

(Messung von Röntgenstrahlung und solaren Protonen mit Ballongeräten in der Nordlichtzone; 978-3-540-03185-7*)* is provided:

http://Extras.Springer.com

6. Literaturverzeichnis

[1] AKASOFU, S. J.; LIN, W. C.; VAN ALLEN, J. A.:

The anomalous entry of low rigidity solar cosmic rays into the geomagnetic field.
J. Geophys. Res. 68, 5327 - 5338, 1963

[2] ANDERSON, K. A.: Soft radiation at high altitude during the magnetic storm of august 29 - 30, 1957.
Phys. Rev. 111, 1397 - 1405, 1958

[3] ANDERSON, K. A.; ARNOLDY, R.; HOFMANN, R.; PETERSON, L.; WINCKLER, J. R.:

Observations of low energy solar cosmic rays from the flare of 22 august 1958.
J. Geophys. Res. 64, 1133 - 1147, 1959

[4] AXFORD, W. J.; HINES, C. O.:

A unifying theory of high latitude geophysical phenomena storms.
Can. J. Phys. 39, 1433, 1961

[5] AXFORD, W. J.; REID, G. C.:

Increases in intensity of solar cosmic rays before sudden commencements of geomagnetic storms.
J. Geophys. Res. 68, 1793 - 1803, 1963

[6] BARTELS, J.: Twentyseven day recurrences in terrestrial-magnetic and solar activity 1923 - 33.
Terr. Magn. 39, 201 - 202, 1934

[7] BARTELS, J.: The geomagnetic measures for the time-variations of solar corpuscular radiation described for use in correlation studies in other geomagnetic fields.
IGY Ann. 4, 227 - 236, London 1957

[8] BHAVSAR, P. D.: Solar cosmic ray event of september 3, 1960. Proc. Intern. Conf. Cosmic Rays and Earth Storms, Kyoto.
J. Phys. Soc. Japan 17, Suppl. A - 2. 329 - 334, 1962

[9] BHAVSAR, P. D.: Gamma rays from the solar-cosmic-rays produced nuclear reactions in the earth's atmosphere and lower limit on the energy of solar protons observed at Minneapolis.
J. Geophys. Res. 67, 2627 - 2637, 1962

[10] BONETTI, A.; BRIDGE, H. S.; LAZARUS, A. I.; LYON, E. F.; ROSSI, B.; SCHERB, F.:

Explorer X plasma measurements.
Space Research III, North-Holland Publ. Comp., Ed. W. Priester, 1963

[11] BRADT, H.; GUGELOT, P. C.; HUBER, O.; MEDICUS, H.; PREISWERK, P.; SCHERRER, P.:

Empfindlichkeit von Zählrohren mit Blei, Messing- und Aluminiumkathode für γ-Strahlung im Energieintervall 0,1 MeV bis 3 MeV.
Helv. Phys. Acta 19, 77 - 90, 1946

[12] BROWN, R. R.; D'ARCY, R. G.:

Observations of solar flare radiation at high latitudes during the period july 10 - 17, 1959.
Phys. Rev. Letters 3, 390 - 392, 1959

[13] BRYANT, D. A.; CLINE, T. L.; DESAI, L. D.; MCDONALD, F. B.:

Explorer 12 observations of solar cosmic rays and energetic storm particles after the solar flare of september 28, 1961.
J. Geophys. Res. 67, 4983 - 5000, 1962

[14] CAHILL, L. J.; AMAZEEN, P. G.:

        The boundary of the geomagnetic field.
        J. Geophys. Res. 68, 1835 - 1843, 1963

[15] CARMICHAEL, H.: High energy solar-particle events.
        Space Science Rev. I, 28 - 61, 1962

[16] COLGATE, S. A.: Prediction of auroral gamma rays.
        Phys. Rev. 99, 1955 (Abstract)

[17] DAVIS, L. jr.: Modified Fermi mechanism for the acceleration of cosmic rays.
        Phys. Rev. 101, 351 - 358, 1956

[18] DESSLER, A. J.; FRANCIS, W. E.; PARKER, E. N.:

        Geomagnetic storm sudden commencement rise times.
        J. Geophys. Res. 65, 2715 - 2719, 1960

[19] DORMAN, L. J.: Geophysical and astrophysical aspects of cosmic radiation.
        Progress in Elementary Particle and Cosmic Ray Physics Vol. VII,
        North Holland Publishing Comp. Amsterdam, 1963

[20] FAN, C. Y.: Origin of cosmic radiation.
        Phys. Rev. 101, 314 - 319, 1956

[21] FOKKER, A. D.: Type IV solar radio emission.
        Space Science Rev. 2, 70 - 90, 1963

[22] FERMI, E.: On the origin of the cosmic radiation.
        Phys. Rev. 75, 1169 - 1174, 1949

[23] FRANCIS, W. E.; GREEN, M. J.; DESSLER, A. J.:

        Hydromagnetic propagation of sudden commencements of magnetic storms.
        J. Geophys. Res. 64, 1643 - 1645, 1959

[24] FRANK, L. A.; VAN ALLEN, J. A.; MACAGNO, E.:

        Charged particle observation in the earth's outer magnetosphere.
        J. Geophys. Res. 68, 3543 - 3554, 1963

[25] FREEMAN, J. W.; VAN ALLEN, J. A.; CAHILL, L. J.:

        Explorer XII observations of the magnetospheric boundary and the
        associated solar plasma on september 13, 1961.
        J. Geophys. Res. 68, 2121 - 2130, 1963

[26] FREIER, P. S.; WEBBER, W. R.:

        Exponential rigidity spectrums for solar flare cosmic rays.
        J. Geophys. Res 68, 1605 - 1629, 1963

[27] GOLD, T.: Magnetic storms.
        Space Science Rev. 100 - 144, 1962

[28] GUSS, D. F.; WADDINGTON, G. I.:
        Observations on the solar particle events of july 1961.
        J. Geophys. Res. 68, 2619 - 2625, 1963

[29] HEPPNER, J. P.; NESS, N. F.; SCEARSE, C. S.; SKILLMAN, T. L.:

        Explorer 10 magnetic fields measurements.
        J. Geophys. Res. 68, 1 - 46, 1963

[30] HOFFMAN, R. A.; DAVIS, L. R.; WILLIAMSON, J. M.:

        Protons of 0,1 to 5 MeV and electrons of 20 keV at 12 earth radii during
        sudden commencement of september 30, 1961.
        J. Geophys. Res. 67, 5001 - 5005, 1962

[31] HOFMANN, D. J.; WINCKLER, J. R.:
        Simultaneous balloon observations of Fort Churchill and Minneapolis during
        the solar cosmic ray events of july 1961.
        J. Geophys. Res. 68, 2067 - 2098, 1963

[32] HULTQVIST, B.: On the interpretation of ionization in the lower ionosphere occuring on both day and night side of the earth within a few hours after some solar flares.
Tellus XI, 332 - 343, 1959

[33] KELLOG, P. J.: Flow of plasma around the earth.
J. Geophys. Res. 67, 3805 - 3811, 1962

[34] KEPPLER, E.; EHMERT, A.; PFOTZER, G.; ORTNER, J.:

Sudden increase of radiation intensity coinciding with a geomagnetic storm sudden commencement.
J. Geophys. Res. 67, 5343, 1962

[35] KEPPLER, E.; EHMERT, A.; PFOTZER, G.:

Solar proton injections during the period from july 12th to july 28th, 1961 at balloon altitudes in the auroral zone (Kiruna/Schweden).
Space Research III, Ed. W. Priester, North Holland Publ. Comp. Amsterdam 1963, p. 676 - 687

[36] KEPPLER, E.: Über die Eigenschaften von Zählrohren und Ionisationskammern in verschiedenartigen Strahlungsfeldern.
Mitteilung aus dem Max-Planck-Institut für Aeronomie, Lindau, (S) (in Vorbereitung), Springer-Verlag, Berlin, 1964

[37] KERTZ, W.: Ein neues Maß für die Feldstärke des erdmagnetischen äquatorialen Ringstroms.
Abhandl. Akad. Wiss. Göttingen, Math. Phys. Kl. Beitr. Intern. Geophysik. Jahr Heft 2, Vandenhoeck und Ruprecht, Göttingen 1958

[38] LIN, W. C.; VAN ALLEN, J. A.:

Solar proton events observed with explorer 7.
Nuovo Cim., im Druck, 1963

[39] LITTLE, C. G.; LEINBACH, H.:

The riometer, a device for the continuous measurements of ionospheric absorption.
Proc. IRE 47, 315 - 320, 1959

[40] LOCKWOOD, J. A.; RAZDAN, A.:

Asymmetries in the Forbush decreases of the cosmic radiation.
1) Differences in onset time.
J. Geophys. Res. 68, 1581 - 1591, 1963

[41] MAEHLUM, B., O'BRIEN, B. J.:

Solar cosmic rays of july 1961 and their ionospheric effects.
J. Geophys. Res. 67, 3269 - 3279, 1962

[42] MCCRACKEN, K. G.: The cosmic ray flare effect. (3. Teile)
J. Geophys. Res. 67, 423 - 458, 1962

[43] MCDONALD, F. B.; WEBBER, W. R.:

Proton component of the primary radiation.
Phys. Rev. 115, 194 - 205, 1959

[44] MCILWAIN, C. E.: Coordinates for mapping the distribution of magnetically trapped particles.
J. Geophys. Res. 66, 3681 - 3691, 1961

[45] O'BRIEN, B. J.; LAUGHLIN, C. D.:

Electron precipitation and the outer radiation zone.
Space Research III, North-Holland Publ. Comp., Ed. W. Priester, 1963, p. 399 - 417

[46] ORTNER, J.; BROWN, R. R.; HARTZ, T. R.; HOLT, O.; HULTQVIST, B.; LEINBACH, H.; LITTLE, C. G.:

Sudden cosmic noise absorption at the moment of geomagnetic storm sudden commencement.
Proc. Symp. on Earth Storms, Kyoto, Japan, september 1961

[47] PARKER, E. N.: Dynamics of the interplanetary gas and magnetic fields.
Astrophys. J., Vol. 128, 667 - 676, 1958

[48] PARKER, E. N.: Interaction of the solar wind with the geomagnetic field.
Phys. of Fluids 1, 171 - 187, 1958

[49] PARKER, E. N.: Origin and dynamics of cosmic rays.
Phys. Rev. 109, 1328 - 1344, 1958

[50] PARKER, E. N.: Dynamics of the geomagnetic storm.
Space Science Rev. 1, 62 - 99, 1962

[51] PFOTZER, G.: Protonenstürme im interplanetaren Raum.
Die UMSCHAU 6, 178 - 181, 7, 197 - 201, 1962

[52] PFOTZER, G.; EHMERT, A.; ERBE, H.; KEPPLER, E.; HULTQVIST, B.; ORTNER, J.:

A contribution to the morphology of x-ray-bursts in the auroral zone.
J. Geophys. Res. 67, 575 - 585, 1962

[53] PFOTZER, G.; EHMERT, A.; KEPPLER, E.:

Time pattern of ionizing radiation in balloon altitudes in high latitudes.
Part A and B. Mitteilungen aus dem Max-Planck-Institut für Aeronomie
Nr. 9 (S), Springer Verlag, Berlin, 1962

[54] PIEPER, G. F.; ZMUDA, A. J.; BOSTROM, C. O.; O'BRIEN, B. J.:

Solar protons and magnetic storms in july 1961.
J. Geophys. Res. 67, 4959 - 4981, 1962

[55] REID, G. C.; LEINBACH, H.:

Low energy cosmic ray events associated with solar flares.
J. Geophys. Res. 64, 1081 - 1087, 1959

[56] SANDFORD, B. P.: Optical studies of particle bombardement in polar cap absorption events.
Planet. Space Sci. 10, 195 - 213, 1963

[57] SAUER, H. H.: A new method of computing cosmic ray cut off rigidity for several geomagnetic field models.
J. Geophys. Res. 68, 957 - 971, 1963

[58] SINGER, S. F.: Thermonuclear processes in the aurora.
Phys. Dept. Univ. Maryland Techn. Report 52, 1956

[59] SNYDER, C. W.; NEUGEBAUER, M.:

Interplanetary solar-wind measurements by Mariner II.
Cospar Meeting, 1963, Warschau

[60] SONETT, C. P.: The distant geomagnetic field (4).
J. Geophys. Res. 68, 1265 - 1294, 1963

[61] SPREITER, J. R.; JONES, W. P.:

On the effect of a weak interplanetary magnetic field on the interaction
between the solar wind and the geomagnetic field.
J. Geophys. Res. 68, 3555 - 3564, 1963

[62] STÖRMER, C.: The polar aurora.
Oxford University Press, London, 1955

[63] WEBBER, W. R.: Time variations of low rigidity cosmic rays during the recent sunspot cycle.
Progress in Elementary Particle and Cosmic Ray Physics Vol. VI, 75 - 243, North-Holland Publishing Comp., Amsterdam, 1962

[64] WILSON, C. R.; SUGIURA, M.:

Discussion of our earlier paper "Hydromagnetic Interpretation of the SC
of Magnetic Storms".
J. Geophys. Res. 68, 3314 - 3320, 1963

Verzeichnis der Mitteilungen aus dem Max-Planck-Institut für Physik der Stratosphäre

Nr. 1/1953 Über den Beitrag der von μ-Mesonen angestoßenen Elektronen zu den Ultrastrahlungsschauern unter Blei. G. Pfotzer

Nr. 2/1954 Ein Zählrohrkoinzidenzgerät zur Registrierung der kosmischen Ultrastrahlung. A. Ehmert

Eine einfache Methode zur Einstellung und Fixierung des Expansionsverhältnisses von Nebelkammern. G. Pfotzer

Nr. 3/1954 Optische Interferenzen an dünnen, bei -190^0C kondensierten Eisschichten. Erich Regener (vergriffen)

Nr. 4/1955 Über die Messung der Temperatur des atmosphärischen Ozons mit Hilfe der Huggins-Banden. H. Zschörner und H. K. Paetzold

Nr. 5/1956 Ein neuer Ausbruch solarer Ultrastrahlung am 23. Februar 1956. A. Ehmert und G. Pfotzer, vergriffen (erschienen Z. Naturforschung 11a, 322, 1956)

Nr. 6/1956 Das Abklingen der solaren Ultrastrahlung beim Ausbruch am 23. Februar 1956 und die geomagnetischen Einfallsbedingungen. A. Ehmert und G. Pfotzer

Nr. 7/1956 Die Impulsverteilung der solaren Ultrastrahlung in der Abklingphase des Strahlungseinbruches am 23. Februar 1956. G. Pfotzer

Nr. 8/1956 Die atmosphärischen Störungen und ihre Anwendung zur Untersuchung der unteren Ionosphäre. K. Revellio

Nr. 9/1956 Solare Ultrastrahlung als Sonde für das Magnetfeld der Erde in großer Entfernung. G. Pfotzer

*

Die vorstehenden Hefte können beim Max-Planck-Institut für Aeronomie, 3411 Lindau angefordert werden.

Mitteilungen aus dem Max-Planck-Institut für Aeronomie

Nr. 1 (S) Waibel: Messungen von Primärteilchen der kosmischen Strahlung.

Nr. 2 (S) Erbe: Auswirkung der Variationen der primären kosmischen Strahlung auf die Mesonen- und Nukleonenkomponente am Erdboden.

Nr. 3 (I) Kohl: Bewegung der F-Schicht der Ionosphäre bei erdmagnetischen Bai-Störungen.

Nr. 4 (I) Becker: Tables of ordinary and extraordinary refractive indices, group refractive indices and $h'_{o,x}(f)$-curves or standard ionospheric layer models.

Nr. 5 (S) Schröpl: Über eine Neubestimmung des Absorptionskoeffizienten von Ozon im Ultraviolett bei kleinen Konzentrationen.

Nr. 6 (S) Erbe: Ergebnisse der Ballonaufstiege zur Messung der kosmischen Strahlung in Weissenau und Lindau.

Nr. 7 (S) Meyer: Elektromagnetische Induktion eines vertikalen magnetischen Dipols über einem leitenden homogenen Halbraum.

Nr. 8 (I u. S) Dieminger und Mitarb.: Die geophysikalischen Ereignisse des 12. - 14. November 1960.

Nr. 9 (S) Pfotzer, Ehmert, and Keppler: Time Pattern of Ionizing Radiation in Balloon Altitudes in High Latitudes. Part A, Text; Part B, Figures and Diagrams.

Nr. 10 (S) Waibel: Eine Ballonsonde zur Messung von Röntgenstrahlung und solarer Ultrastrahlung.

Nr. 11 (S) Voelker: Zur Breitenabhängigkeit erdmagnetischer Pulsationen.

Nr. 12 (S) Jaeschke: Registrierung von Pulsationen im südlichen Niedersachsen als Beitrag zur erdmagnetischen Tiefensondierung.

Nr. 13 (S) Meyer: Elektromagnetische Induktion in einem leitenden homogenen Zylinder durch äußere magnetische und elektrische Wechselfelder.

Nr. 14 (S) Kremser: Über den Zusammenhang zwischen Röntgenstrahlungs-Ausbrüchen in der Polarlichtzone und bayartigen erdmagnetischen Störungen.

If you have any concerns about our products,
you can contact us on
ProductSafety@springernature.com

In case Publisher is established outside the EU,
the EU authorized representative is:
**Springer Nature Customer Service Center GmbH
Europaplatz 3, 69115 Heidelberg, Germany**

Printed by Libri Plureos GmbH
in Hamburg, Germany